Ursula Krüger

Der Boxer

Haltung

Erziehung

Pflege

Erste Hilfe

Quick Info

Ein mutiger Freund mit sanftem Wesen

Ein fröhlicher Geselle kommt ins Haus

Futter und Körperpflege

Mit Konsequenz und viel Geduld

Rund um die Gesundheit

KINDER SPEZIAL

Serviceseiten

Der Boxer auf einen Blick

Schnell und kraftvoll in den Bewegungen, immer zum Spielen aufgelegt, gutmütig, anhänglich und treu – Boxer sind einfach großartig.

Kraft und Temperament

Obwohl Boxer keine Riesen sind, haben sie enorm viel Kraft. Diesen Umstand muss man vor allem dann bedenken, wenn kleinere Kinder im Haus sind. Zur Kraft kommt das bisweilen stürmische Temperament eines Boxers. Das liebenswerte Energiebündel muss von Anfang an richtig erzogen werden.

Das gerade noch handliche Format täuscht: Boxer sind Kraftpakete.

Der Boxer in Stichworten

Wesen	Er ist ein nervenstarker, friedfertiger, ausgeglichener und selbstbewusster Familienhund.
Pflege	Einmal in der Woche muss das Fell gründlich gestriegelt werden.
Bewegungsbedürfnis	Er bewegt sich gerne und ist recht ausdauernd. Ein junger Hund darf jedoch nicht überanstrengt werden.
Ansprüche	Er braucht Beschäftigung. Am liebsten »arbeitet« er mit seinem Halter in einem Hundesportverein.
Wachsamkeit	Seine Familie, Haus und Garten bewacht er mit großer Aufmerksamkeit und viel Mut.
Besonderheiten	Der Boxer braucht von klein auf viel Kontakt zu Artgenossen, sonst entwickeln er sich womöglich zu einem unangenehmen Raufer.

Integrierbarkeit in die Familie

Der Boxer ist ein echter Familienhund. Allerdings müssen alle Familiemitglieder Spaß verstehen, sportlich sein und dem vierbeinigen Kraftpaket mit Konsequenz begegnen.

Darauf müssen Sie sich einstellen

Ein Boxer fühlt sich nur in Gesellschaft wohl	→ Lassen Sie ihn nicht länger als vier Stunden allein
Er braucht den Kontakt zu Artgenossen	→ Ermöglichen Sie ihm, mit anderen Hunden zu spielen und zu toben
Er will auch im Urlaub bei seiner Familie sein	→ Wählen Sie Urlaubsziele und Urlaubsarten, die auch dem Hund Spaß machen
Ausgewachsen wiegt er zwischen 25 und 30 kg	→ Diesem Kraftpaket müssen Sie körperlich gewachsen sein
Er braucht viel Bewegung und Beschäftigung	→ Richten Sie sich auf täglich mindestens zwei Stunden Spaziergang ein
Er ist selbstbewusst und will sich durchsetzen	→ Mit diesen Eigenschaften haben Sie das ganze Hundeleben lang »zu kämpfen«.
Ein Boxer wird 8–10 Jahre alt	→ In diesem Zeitraum ist er ein Teil Ihres Lebens

Der Kontakt zu anderen Hunden ist ein wichtiger Faktor in der Erziehung.

Wie gehe ich richtig mit dem Boxer um?

Das braucht Ihr Welpe (0–4 Monate)

Futter: Ab der 4. Woche bekommt der Kleine Fremdfutter, vier Mahlzeiten täglich. Diese Futterregel gilt bis zum 4. Monat. Geben Sie ihm Welpennahrung, die es im Handel gibt (siehe Seite 29).

Auslauf: Sobald der Welpe seinen vollen Impfschutz hat (ca. ab der 12. Woche), können Sie mit ihm kurze Ausflüge machen und ihn allmählich zur Stubenreinheit erziehen.

Prägung: Ermöglichen Sie dem Welpen bei den Spaziergängen Kontakt zu anderen Hunden und lassen Sie ihn ausgiebig schnuppern. Er muss seine Umgebung kennen lernen.

Tierarzt: Lassen Sie den Hund gründlich untersuchen. Abgesehen von den notwendigen Impfungen ist auch eine Wurmkur unerlässlich (siehe Seite 51).

Vorsicht: Ein junger Boxer soll möglichst wenig Treppen hinauf und herunter laufen. Besonders empfindlich sind in diesem Alter noch die Schultergelenke, die besonders beim Hinunterlaufen beansprucht werden.

Welpen können so unendlich traurig schauen, wenn sie etwas erreichen wollen.

Das braucht der Junghund (5–12 Monate)

Futter: Füttern Sie zunächst dreimal täglich, ab dem 8. Lebensmonat zweimal und ab dem 12. Monat einmal täglich (siehe Seite 28).

Auslauf: Die Dauer der Spaziergänge wird gesteigert: pro Tag dreimal 30 Minuten täglich.

Prägung: Der Kontakt zu Artgenossen und Menschen ist sehr wichtig. Was der Hund in diesem Alter erfährt, prägt sich bei ihm für sein Leben ein. Das gilt auch im umgekehrten Sinn: Was er jetzt nicht an Erfahrungen macht, ist später kaum nachzuholen.

Lernen: In diesem Alter lernen Hunde besonders schnell und leicht. Üben Sie ständig alle Grundregeln. Lassen Sie den Hund von der Leine, wenn ihm keine Gefahr droht. Gegen Ende des ersten Lebensjahres kommt der Hund in die Pupertät. In diesem »Flegelalter« scheint er alles bereits Gelernte vergessen zu haben. Bleiben Sie konsequent und ruhig.

Tierarzt: Zwischen dem 5. und 8. Monat findet der Zahnwechsel statt. Lassen Sie den Tierarzt kontrollieren, ob alles in Ordnung ist.

Vorsicht: So lange Ihr Boxer noch nicht ausgewachsen ist, darf er sich körperlich nicht überanstrengen. Lassen Sie ihn spielen und toben, so lange er mag. Er weiß selbst am besten, wann er genug hat

Im Spiel miteinander lernen Hunde die Regeln der Rangordnung.

Das braucht der erwachsene Hund (1–6 Jahre)

Futter: Einmal täglich – vor 18 Uhr – wird der Hund gefüttert. Morgens darf es ein paar Hundekuchen als Frühstück geben (siehe Seite 28 f.).

Auslauf: Zwei Spaziergänge von etwa einer Stunde und abends noch mal ein kurzer Ausflug zur nächsten Ecke sind das Minimum. Boxer können aber auch mehrere Stunden unterwegs sein – allerdings nicht unentwegt im Dauerlauf.

Prägung: Die Prägephase ist mit 12 Monaten zum größten Teil abgeschlossen. Lassen Sie den Hund weiter regelmäßig mit anderen Hunden spielen. Nach der Geschlechtsreife verhalten sich Hunde oft weniger anpassungsbereit als vorher.

Lernen: Auf den (hoffentlich) bereits begriffenen Grundregeln kann jetzt aufgebaut werden mit der Ausbildung zum Begleithund oder mit Hundesport.

Tierarzt: Vergessen Sie nicht die jährlichen Wiederholungsimpfungen. Lassen Sie bei dieser Gelegenheit die Zähne und den Allgemeinzustand des Hundes kontrollieren.

Vorsicht: Lassen Sie Ihren Hund nicht unmittelbar nach dem Fressen toben. Bei großen Rassen besteht die Gefahr der Magendrehung (siehe Seite 45).

Mit Eifer dabei: Boxer sind gelehrige Schüler beim Hundesport.

Das braucht der ältere Hund

Futter: Geben Sie Ihrem Boxer zweimal täglich kleinere Portionen. Er bewegt sich weniger und braucht deshalb auch nicht mehr so viele Kalorien. Gut abgestimmt auf den altersgerechten Bedarf ist Seniorenkost (siehe Seite 29).

Auslauf: Reduzieren Sie das Tempo. Sie werden am Verhalten des Hundes erkennen, wann ihm der Spaziergang zu lange wird. Überanstrengen Sie ihren alten Freund nicht.

Lernen: Auch ein alter Hund muss gehorchen. Üben Sie regelmäßig alle Grundregeln. Auf anstrengenden Hundesport verzichten.

Tierarzt: Lassen Sie gelegentlich das Blut auf Harnstoffe untersuchen. Ist der Wert erhöht, funktionieren die Nieren nicht mehr richtig. Sie sollten dann Nierenschonkost (gibt es im Fachhandel) füttern.

Vorsicht: Verhindern Sie sowohl bei großer Hitze als auch im Winter den Sprung ins kalte Wasser.

Das Gesicht eines alten Boxers strahlt Würde und Gelassenheit aus.

Ein mutiger Freund mit sanftem Wesen

Gerunzelte Stirn, treuer Blick – wer kann diesem Gesichtsausdruck widerstehen? Der Boxer gehört schon seit vielen Jahrzehnten zu den beliebtesten Hunderassen der Welt. Temperament, Wachsamkeit und Charakterstärke verbindet er mit Treue, Anhänglichkeit und einer großen Liebe zu Kindern.

Aufmerksamer Blick und gespannte Haltung – ein Boxer flößt Respekt ein. Die sanfte Seele kennen nur seine zweibeinigen Freunde.

Betrachtet man die bis ins Altertum zurückreichende (vermutliche) Ahnenreihe des Boxers, dann haben sich in ihm die guten Eigenschaften seiner Vorfahren vereint. Es handelt sich dabei um recht raue, mutige Gesellen, die Soldaten in den Krieg begleiteten, Jägern in den Urwäldern bei der Arbeit halfen, Viehherden von den Weiden auf die Märkte trieben und ihren Herren immer treue Gefährten waren. Dazu zählen u.a. die Molosser, die wahrscheinlich aus mächtigen, doggenähnlichen, breitschnäuzigen Hunden hervorgegangen sind, die Alexander der Große von seinem Feldzug nach Indien mitbrachte. Später trafen die Molosser auf große Doggen, die mit Kriegern von den britischen Inseln auf das Festland kamen und »verbündeten« sich miteinander.

Von Bären- und Bullenbeißern

Auch die Germanen und Kelten besaßen große, schwere Hunde, die vor allem bei der Bären- und Wildschweinjagd halfen, die »Bärenbeißer« und »Saupacker«. Ihre Besonderheit war der zurückgesetzte Oberkiefer, damit sie beim Verbeißen in der Beute noch atmen konnten. Zu den Ahnen des Boxers zählen ebenso die »Bullenbeißer«, die zunächst in England gezüchtet wurden.

Die Geschichte der Zucht

Die Bullenbeißer, Vorläufer der heutigen Boxer, wurden hauptsächlich zur Jagd eingesetzt, damals ein Privileg des Adels. Als viele der Fürstentümer nach der Französischen Revolution aufgelöst wurden, ging auch der Bedarf an vierbeinigen Jagdgehilfen zurück. Doch die Bullenbeißer fanden in der Mitte des 19. Jahrhunderts eine neue Verwendung. Sie halfen fortan den Metzgern beim Viehtrieb, was ihnen den Beinamen »Metzgerhund« einbrachte. Immer häufiger wurden die Bullenbeißer mit englischen Bulldogs gekreuzt.

Auf dem Kontinent und in Britannien hatten sich ganz unterschiedliche Typen entwickelt. So entstanden in Mitteleuropa der Große oder Danziger Bullenbeißer, der vor allem in Norddeutschland und in Polen zur Großwildjagd eingesetzt wurde und der wendigere Kleine oder Brabanter Bullenbeißer, der sich vor allem bei der Wildschweinjagd als sehr nützlich erwies. Allen gemeinsam war die verkürzte Schnauze und das gelbe oder gestromte Fell – ohne Weißzeichnung. Den Kreuzungen mit englischen Bulldoggen verdanken auch noch die heutigen Boxer die weißen Abzeichen. Der Kleine oder Brabanter Bullenbeißer gilt als der direkte Ahnherr des Boxers.

INFO

Bei den Kämpfen mit Bären und anderen Wildtieren trugen die Hunde oft Wunden an den weichen Schlappohren und den Ruten davon. Um das Verletzungsrisiko zu verringern, stutzte man den Hunden Ohren und Rute. Später machte es die Obrigkeit zur Auflage, die »Metzgerhunden« durch das Kupieren kenntlich zu machen. Daraus entstand der Brauch, Boxer zu kupieren.

Die gezielte Boxerzucht

Unter den Bullenbeißern gab es viele Bastarde, zum Teil von ausgesprochen hässlichem Äußeren. Aber es gab auch bereits seit sehr langer Zeit Reinzüchtungen des Bullenbeißers.

Die Rassezucht in Deutschland begann in der zweiten Hälfte des 19. Jahrhunderts. In München fand sich ein kleiner Kreis von Interessenten zusammen, die den »Deutschen Bullenbeißer« erhalten wollten. Woher der Name Boxer stammt, ist nicht ganz geklärt. Wahrscheinlich leitet er sich von dem englischen Begriff »to box« (=mit den Fäusten kämpfen) ab. Zwischen 1860 und 1870 tauchten erstmals die Bezeichnungen »Boxer« oder »Boxhund« für den Bullenbeißer auf. Der erste Boxerklub wurde 1896 in München gegründet, einen Rassestandard legte man 1905 erstmals fest.

In dieser Zeit entstanden die meisten der heutigen Hunderassen, teils aus Idealismus, teils wegen des guten Geschäfts.

Die Legende vom Boxer

Es gibt noch eine ganz andere »Entstehungsgeschichte« des Boxers. Am 5. Schöpfungstag schuf der Herrgott alle Tiere und somit auch alle Hunde. Als er sich die Hunde betrachtete entschied er, noch einen besonders schönen Hund zu erschaffen. Er formte aus Lehm den Boxer, der genauso aussah wie die heutigen Boxer – mit einem Unterschied: Die Nase war lang und wohlgestaltet. Der Herrgott war mit seinem Werk zufrieden und sagte: »Dieser ist mir wirklich gut gelungen«. Allerdings war der Lehm noch nicht gefestigt.

Der Boxer hörte die wohlgefälligen Worte und verkündete stolz den anderen Hunde, er sei der schönste, der Herrgott selbst habe es gesagt. Die kleinen Hunderassen bewunderten ihn, die großen wurden neidisch, knurrten und murrten. Den Boxer ärgerte das sehr und er sprang einen besonders großen Hund an. Leider hatte der Boxer vergessen, dass er ja noch weich war. Seine schöne Nase wurde platt gedrückt. Der Herrgott beschloss, eine Strafe für den Hochmut musste sein: »Mit diesem Gesicht wirst du leben bis zum jüngsten Tag«.

INFO

Den Mut und Kampfgeist der Bullenbeißer hat man in Großbritannien und auch in Deutschland sträflich missbraucht. Man hetzte die Hunde als Volksbelustigung auf angebundene Bären, Bullen und andere große Wildtiere.

Zu den zahlreichen Ahnen des Boxers gehört auch die Englische Bulldogge.

Rassestandards

WICHTIG

Wenn Sie mit Ihrem Boxer züchten wollen, muss er mindestens 18 Monate alt sein, die Zuchttauglichkeitsprüfung (ZIP) und die Ausdauerprüfung (AD) bestehen. Außerdem müssen Sie ihn auf HD (Hüftgelenksdysplasie) untersuchen lassen.

Wie ein Rassehund auszusehen hat, legt die FCI (Fédération Cynologique International) in ihren Richtlinien fest. Diese Rassestandards beschreiben die ideale Form sämtlicher körperlichen und charakterlichen Merkmale und gelten weltweit. Bei Boxern gibt es zwei für Deutschland gesetzlich vorgeschriebene Änderungen. Das Kupieren ist bei uns grundsätzlich für alle Rassen verboten. Seit 1986 dürfen die Ohren und seit 1.6.1998 die Ruten nicht kupiert werden. Leider gilt diese Vorschrift noch nicht in anderen Ländern und es gibt immer noch Uneinsichtige, die mal kurz über die Grenze fahren und ihre Hunde verstümmeln lassen.

Die wesentlichen Merkmale

In den Richtlinien ist der Boxers in seiner optimalen Form genau beschrieben. Aus Platzgründen kann hier nur zusammenfassend auf die wesentlichen Punkte eingegangen werden. Die vollständigen Richtlinien bekommen Sie vom Boxer-Klub (Anschrift siehe Seite 62).

- **Allgemeines Erscheinungsbild:** Der Boxer ist mittelgroß, stämmig, glatthaarig, hat ein quadratisches Gebäude (Körper) und starke Knochen. Die Muskulatur ist trocken (zeigt keine Falten), kräftig und plastisch hervortretend, die Bewegungen sind lebhaft, voll Kraft und Adel.
- **Größe:** Die Widerristhöhe (vom Boden bis über die Schulterblätter gemessen) des Rüden liegt zwischen 57 und 63 cm, der Hündin zwischen 53 und 59 cm.
- **Gewicht:** Rüden wiegen gut 30 kg, Hündinnen 25 kg.
- **Kopf:** Er verleiht dem Boxer das Gepräge. Die von der Nasenwurzel zu beiden Seiten abwärts verlaufenden Falten und die Falten auf dem Oberkopf sind nur schwach angedeutet. Letztere vertiefen sich bei erhöhter Aufmerksamkeit. Die dunkle Maske beschränkt sich auf den Fang und muss sich von der Farbe des Kopfes deutlich abheben. Die Stirn bildet zum Nasenrücken einen deutlichen Absatz (Stop). Der Unterkiefer überragt den Oberkiefer und ist leicht nach oben gebogen. Der Fang soll möglichst breit und mächtig sein. Die Oberlippe ist dick und wulstig. Die Augen sind dunkel.

- **Hals:** Die obere Linie verläuft in einem eleganten Bogen vom Genickansatz zum Widerrist.
- **Vorhand:** Die Vorderläufe müssen von vorne gesehen gerade sein, parallel zueinander stehen und starke Knochen haben. Die Schultern sind lang und schräg, straff mit dem Rumpf verbunden und sollen nicht zu stark bemuskelt sein.
- **Gebäude:** Der quadratische Rumpf ruht auf stämmigen, geraden Läufen. Der Widerrist soll markiert sein. Der Rücken soll einschließlich der Lendenpartie kurz, fest, gerade, breit und stark bemuskelt sein, die Kruppe leicht geneigt, flach gewölbt und breit. Der Brustkorb ist tief und reicht bis zu den Ellenbogen.
- **Hinterhand:** Die Hinterläufe müssen von hinten gesehen gerade sein. Die Muskulatur soll bretthart sein und sehr plastisch hervortreten.
- **Haarkleid:** Das Fell ist kurz, glänzend und anliegend. Die Farbe ist Gelb oder gestromt. Gelb kommt in verschiedenen Tönen vor, von hellgelb bis hirschrot. Bei der gestromten Varietät müssen sich die Streifen deutlich von der Gundfarbe abheben. Weiße Abzeichen sind erlaubt, dürfen aber nicht mehr als ein Drittel des Körpers bedecken.

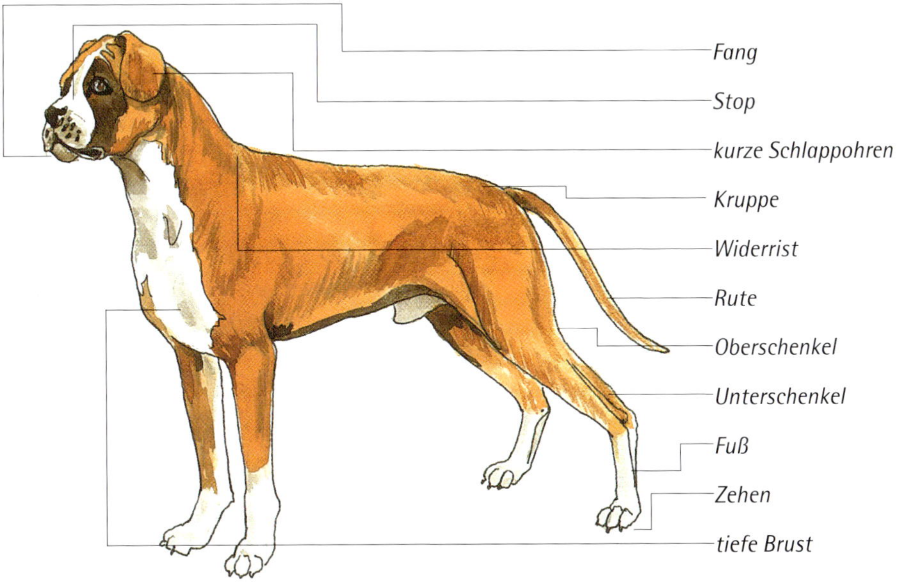

Das Wesen des Boxers

In den Rassestandards werden Verhalten und Charakter des idealen Boxers folgendermaßen beschrieben:

»Der Boxer soll nervenstark, selbstbewusst, ruhig und ausgeglichen sein. Sein Wesen ist von allergrößter Wichtigkeit und bedarf sorgsamer Pflege. Seine Anhänglichkeit und Treue gegenüber seinem Herren und dem ganzen Haus, seine Wachsamkeit und sein unerschrockener Mut als Verteidiger sind von Alters her berühmt. Er ist harmlos in der Familie aber misstrauisch gegenüber Fremden, heiter und freundlich beim Spiel, aber furchtlos im Ernst. Er ist leicht auszubilden vermögens seiner Bereitschaft zur Unterordnung, seines Schneides und Mutes, seiner natürlichen Schärfe und seiner Riechfähigkeit. Bei seiner Anspruchslosigkeit und Reinlichkeit ist er gleich angenehm und wertvoll in der Familie wie als Schutz-, Begleit- und Diensthund. Sein Charakter ist bieder, ohne Falschheit und Hinterlist, auch im höheren Alter.«

TIPP Boxer können ausgezeichnet beobachten und erkennen sofort ihre Chance, doch noch das Brötchen vom Teller zu stibitzen.

Kein Hund für Anfänger

Ein Boxer strahlt eine liebenswert positive Lebensfreude aus und versteht es, seinen Besitzer völlig für sich einzunehmen. Das Kraftpaket ist immer zum Spielen aufgelegt. Bei den Zweibeinern kann das bisweilen zu Gewissenskonflikten führen. Einerseits haben sie ihr Herz an den fröhlichen Gesellen verloren und neigen vielleicht hin und wider dazu, beide Augen zuzudrücken, andererseits braucht ein Boxer unbedingt eine absolut konsequente Erziehung. Bleiben Sie immer ruhig und selbstbewusst. Sie sind der Boss. Dennoch sind eine feste Bindung an seine zweibeinigen Freunde, liebevolle Zuwendungen und Anerkennung für das »Sensibelchen in rauer Schale« sehr wichtig.

Selbstbewusstsein ist ja gut und schön, doch beim Boxer schlägt es gelegentlich in Hartnäckigkeit um. Niederlagen kann er so leicht nicht akzeptieren und selbst schmerzliche Erfahrungen halten ihn nicht von einem neuen Versuch ab. Boxer sind hart im Nehmen. In der Familie ist ein ausgelasteter Hund friedfertig und sanft, doch sollte kein Fremder den ausgeprägten Wach- und Beschützerinstinkt eines Boxers unterschätzen.

Laut- und Körpersprache

Mit Mimik, Lautäußerungen und seinem ganzen Körper zeigt ein Boxer sehr deutlich und verständlich, was er will und wie sein Gemütszustand ist.

- **Bellen:** Bei lautem und schnellem Bellen in einer höheren Tonlage ist Vorsicht geboten. Tiefes, ruhiges Bellen deutet auf eine freundliche Stimmung hin. Boxer sind normalerweise keine notorischen Kläffer.
- **Knurren:** Erinnert es an ein tiefes Grollen, verbunden mit leicht hochgezogenen Lefzen ist es als Warnung zu verstehen. Meistens folgt bald darauf ein Angriff. Klingt das Knurren eher wie ein Brummen, ist es Ausdruck von Wohlbefinden.
- **Winseln:** Für Fieptöne in sehr hoher Tonlage können Schmerzen die Ursache sein. Mit herzerweichendem Winseln bettelt er aber auch um einen Leckerbissen oder macht darauf aufmerksam, dass er dringend auf die Straße muss.
- **Rückenlage:** Legt sich ein Hund während eines Gerangels mit einem Artgenossen auf den Rücken (Demutsgebärde), zeigt er seine Unterlegenheit an, indem er dem anderen seine Kehle präsentiert. Ein normal veranlagter überlegener Hund wird dann niemals zubeißen – warum auch, er ist ja »Sieger« und hat die Rangordnung festgelegt. Liegt er daheim ganz entspannt auf dem Rücken, ist das ein Zeichen von Wohlbefinden und Vertrautheit. Er verspürt keinerlei Gefahr.
- **Wälzen:** Ein Boxer wälzt sich oft voller Freude übermütig im Gras. Er drückt damit seine fröhliche Stimmung aus.
- **Wedeln:** Freut sich ein Boxer, dann wedelt er nicht nur mit seiner Rute, sein ganzer Körper ist in Bewegung.
- **Kopfhaltung:** Zur Seite geneigter Kopf, aufgestellte Ohren und gerunzelte Stirn signalisieren Aufmerksamkeit. Gesenkter Kopf in Verbindung mit eingezogener Rute können auf ein schlechtes Gewissen oder Angst hindeuten.
- **Zusammengerollte Haltung:** Liegt der Hund zusammengerollt in einer Ecke, ist er entweder traurig oder beleidigt. Bei aller Robustheit hat der Boxer eine sensible Seele. Er nimmt Bestrafungen manchmal richtig übel und zieht sich schmollend auf seinen Liegeplatz zurück.

Boxer sind voll Lebensfreude und immer zum Spielen und Toben aufgelegt.

Ein fröhlicher Geselle kommt ins Haus

So sehr Sie sich auch auf das neue Familienmitglied freuen, für den Welpen ist die Trennung von seiner Mutter, seinen Geschwistern und den vertrauten Menschen sehr schmerzlich. Alles Gewohnte ist auf einmal nicht mehr da. Machen Sie ihm die ersten Tage in seiner neuen Welt so angenehm wie möglich.

Sobald der Welpe seinen vollen Impfschutz hat, darf er die ersten Ausflüge ins Freie unternehmen und seine Umwelt erkunden.

Der kleine Boxer sollte mindestens drei Monate alt sein, wenn Sie ihn abholen. Die ersten 12 Wochen sind für die charakterliche Entwicklung der Welpen ungemein wichtig und sie müssen diese Zeit im Kreise ihrer Hundefamilie verbringen. Ebenso wichtig ist es, dass die Hundebabys bereits beim Züchter positiven Kontakt zu Menschen haben. Werden Welpen nur im Zwinger gehalten, können sie keine Beziehungen aufbauen.

Prägungs- und Sozialisierungsphase

Mit drei Monaten ist Ihr Familienzuwachs also kein unbeschriebenes Blatt mehr. In den ersten drei Lebenswochen ist Saugen und Schlafen angesagt. Die 4. bis 7. Woche nennt man die Prägungsphase, in der es u. a. besonders auf menschliche Zuwendung ankommt. Die 8. bis 12. Woche ist die Sozialisierungsphase. Erste Kontakte (nach den Impfungen) zu anderen Hunden sind jetzt wichtig. Auch sollten die kleinen Energiebündel bereits ein wenig ihre Grenzen kennen lernen. Sie begreifen, was ein entschiedenes »Nein« bedeutet und lernen bei den spielerischen Rangeleien mit den Wurfgeschwistern, die Rangordnung zu akzeptieren. Erfahrungen, die junge Hunde in diesen Wochen sammeln – oder nicht, sind prägend für ihr ganzes Leben.

Checkliste

Gefahren vermeiden

- Freiliegende Elektrokabel verstecken
- Platiktüten und Schaumstoffteile nicht herumliegen lassen
- Reinigungsmittel und Medikamente für den Hund unerreichbar aufbewahren
- Giftige Zimmerpflanzen entfernen

Die Leine muss stabil sein und in der Länge verstellbar (Maximum ca. 2 m).

Achtung

Vermeiden Sie alle Spielsachen aus Hartplastik. Das Material splittert und kann zu schweren Verletzungen führen. Bei Weichplastik ist darauf zu achten, dass es sich um Material handelt, das nicht zu Darmverschlüssen führt, wenn der Hund ein Stück davon verschluckt.

Was der Hund braucht

Bevor Sie den Welpen abholen, müssen einige Vorbereitungen getroffen und Anschaffungen gemacht werden. Schließlich soll sich Ihr neuer Freund von Anfang an bei Ihnen wohl fühlen.

Halsband und Leine

Kaufen Sie für die Erstausstattung keine teuren Utensilien, der Kleine wächst ja noch. Auch schaffen es junge Hunde trotz aller Verbote immer wieder, die Leine zu zerbeißen. Dennoch sollten Halsband und Leine aus Leder oder stabilem Textilgewebe sein. Wenn der Hund etwa ein halbes Jahr alt ist, bekommt er ein Halsband aus Metallgliedern, das sich zusammenzieht, wenn er an der Leine zerrt. Stachelhalsbänder sind nicht empfehlenswert. Ist der Hund gut erzogen, sind sie auch nicht notwendig. Hat der junge Hund sein »Nagealter« überstanden, schaffen Sie sich eine stabile, zwei Meter lange Leine an, die sich auf verschiedene Längen einhaken lässt. Leinen mit Aufrollautomatik sind für Boxer ungeeignet.

Der Ruheplatz

Ihr Hund braucht einen Platz in der Wohnung, der ganz alleine ihm gehört. Dorthin will er sich ungestört zum Schlafen zurückziehen können – nicht nur nachts. Hunde, vor allem junge Tiere, machen auch tagsüber viele Nickerchen. Suchen Sie für Ihren Boxer eine ruhige, zugfreie Stelle aus, von der er aber alles gut im Blick hat und ständigen Kontakt zu seiner Familie. Es darf dort nicht zu kalt und nicht zu warm sein. Ein Platz vor der Heizung ist ungeeignet.

Zwingen Sie den Hund aber nicht auf einen Platz, den er nicht mag. Er würde das als Strafe empfinden. Gerne liegen Hunde unter einer Bank oder einem Tisch. So ein Unterschlupf hat etwas von einer Höhle. Die Tiere fühlen sich dort sicher und geborgen. Bestrafen Sie den Hund nie, wenn er sich zurückgezogen hat. Seinen Liegeplatz muss jeder in der Familie respektieren.

Ob Sie Ihrem Boxer einen Korb mit entsprechender Einlage, ein Hundebett oder nur eine Matratze anbieten, bleibt Ihnen überlassen.

Er mag eine bequeme Unterlage und will sich lang hinlegen können. Bedenken Sie jedoch, dass junge Hunde an allem herum knabbern, was sie vor die Zähne bekommen, auch an schönen, neuen Körbchen. Alle Textilien müssen waschbar sein. Kaufen Sie das »Bett« gleich in der richtigen Größe – er wächst schnell hinein.

Der Futterplatz

Füttern Sie Ihren Hund immer an der selben Stelle, am besten in der Küche. Dort ist der Boden leicht zu reinigen. Hunde nehmen ab und an Futterbrocken aus dem Napf, schleppen sie ein Stückchen weiter und fressen sie erst dann. Futternapf und Trinknapf sollten nicht zu leicht sein. Edelstahlnäpfe müssen am unteren Rand einen Gummiring haben, weil sie sonst geräuschvoll hin und her geschoben werden. Ideal sind Näpfe an in der Höhe verstellbaren Halterungen. Es ist nicht gut, wenn die Hunde beim Fressen die Vorderläufe einknicken oder nach außen drehen müssen.

Futter- und Trinknäpfe an einem verstellbaren Gestell wachsen mit.

Das Spielzeug

Entweder schlafen junge Hunde oder sie stromern in der Wohnung herum auf der Suche nach »Beschäftigung«. Diese Spielphase ist für die Entwicklung des jungen Hundes äußerst wichtig. Die teilweise recht ruppigen Spiele dienen nicht seinem Vergnügen, sondern sind Lebenserfahrung und Sozialkontakte, wichtige Schritte auf dem Weg zum erwachsenen Hund.

Bieten Sie Ihrem Boxerkind Spielzeug an, vielleicht entwickelt er dann kein allzu großes Interesse an Teppichen und anderen Einrichtungsgegenständen. Allerdings müssen Sie schon mit ihm spielen, sonst verliert er schnell das Interesse. Ein Ball so groß, dass er ihn nicht verschlucken kann oder ein Reifen aus Hartgummi lassen sich jagen und fangen. Ein altes Handtuch, ein Jutesack oder ausrangierte Baumwollsocken mit Knoten darin eignen sich herrlich zum Tauziehen und schütteln. Auch Kartons ohne Metall- und Plastikteile lassen sich wunderbar zerfetzen. Auf ausgediente Schuhe als Spielzeug verzichten Sie lieber. Der Kleine kann nicht zwischen Ihren Sonntagsschuhen und alten Latschen unterschieden.

Wichtig

Beginnen Sie das Spiel und beenden Sie es. Nehmen Sie das Spielzeug dann an sich und überlassen sie es nicht dem Hund. Der Vierbeiner darf niemals die Oberhand gewinnen. Sobald er sich als Sieger fühlt, steigt sein Selbstbewusstsein und er meint, wieder einen Schritt auf der Rangleiter nach oben geklettert zu sein.

Die Fahrt ins neue Zuhause

TIPP Suchen Sie sich in der Nähe Ihrer Wohnung eine Stelle aus, an dem sich der Hund lösen kann. Dieser Löseplatz sollte erdig oder mit Gras bewachsen sein. Wenn Sie zu Hause ankommen sind, tragen Sie den Welpen dorthin und gehen Sie erst zurück, wenn er seine Blase entleert hat.

Trennungsschmerz, unbekannte Geräusche und Gerüche, merkwürdige Bewegungen – die erste Autofahrt ist für den jungen Hund sehr spannend, kann ihm aber auch richtig Angst machen. Holen Sie den Welpen zu zweit ab, damit sich einer um das kleine Bündel kümmern kann, es trösten, wenn die große Panik ausbricht. Die erste Autofahrt darf für den Hund nicht zum Horrortrip werden. Er würde diese negative Erfahrung vielleicht sein Leben lang nicht vergessen und immer Angst vor dem Auto haben. Nur in seltenen Fällen kommt es vor, dass Hunde Autofahrten grundsätzlich schlecht vertragen und deshalb immer ungern mitfahren werden.

Vor der Fahrt soll der Hund all seine Geschäfte verrichtet haben und nichts fressen. Es kann durchaus vorkommen, dass er aus lauter Aufregung alles erbricht. Auch ist es ratsam, eine saugfähige Unterlage auf den Sitz zu legen. Machen Sie alle zwei Stunden eine Pause und lassen Sie den Kleinen – natürlich an der Leine – ein wenig umherlaufen und ein Pfützchen machen. Nehmen Sie einen Napf und Trinkwasser für ihn mit.

CHECKLISTE

Was sonst noch zu bedenken ist

- Melden Sie den Hund bei Ihrer Gemeinde an wegen der Hundesteuer.
- Schließen Sie eine Hundehaftplichtversicherung ab.
- Lassen Sie den Hund in der ersten Woche von einem Tierarzt durchchecken.
- Bitten Sie Nachbarn in der ersten Zeit um Verständnis, wenn der Kleine jammert.

Der erste Tag

Der erste Eindruck, den der kleine Hund von seiner neuen Welt bekommt, darf ihn nicht verängstigen. Sorgen Sie dafür, dass kein lärmendes Begrüßungskomitee auf ihn einstürmt. Er braucht Ruhe und Zeit, sich seine neue Umgebung anzuschauen. Begleiten Sie ihn dabei unauffällig und beginnen Sie gleich mit der Erziehung. Versucht er, an einem Stuhlbein zu nagen, sagen Sie »Nein!« und schieben Sie ihn weg. Sprechen Sie immer mit ruhiger, fester Stimme. Zeigen Sie ihm seinen Schlafplatz. Liegt ein Leckerli darauf, wird er diesen Ort sofort als etwas Positives begreifen.

Dreht er sich, am Boden schnüffelnd, an einer Stelle im Kreis, ist meist ein Pfützchen fällig. Tragen Sie ihn sofort hinaus und gehen Sie zum Löseplatz. Ist der Kleine erfolgreich, loben Sie ihn ausgiebig. In den ersten Wochen werden Sie bis zu zehnmal am Tage hinaus gehen müssen, manchmal auch ohne Ergebnis. Je konsequenter Sie dabei sind, desto früher ist er stubenrein (siehe auch Seite 40).

Die erste Nacht

Am Abend des Ankunftstages wird der kleine Vierbeiner erst wirklich begreifen, dass keine Hundemama und keine Wurfgeschwister zum Kuscheln da sind. In der ersten Nacht fühlt er sich sehr einsam, jammert und winselt. Lassen Sie sich nicht erweichen und nehmen Sie ihn nicht aus lauter Mitleid ins Bett.

Die erste Woche

Was der kleine Hund in den ersten Tagen bei Ihnen erlebt, wird sich für den Rest seines Lebens einprägen, die positiven Erfahrungen ebenso wie die negativen. Es ist nur zu verständlich, dass er Mittelpunkt der Familie ist. Schieben Sie dem beizeiten einen Riegel vor. Boxer sind von Natur aus selbstbewusst. Fühlt er sich als »Hauptperson«, kommt er schnell zu dem Schluss, alles zu können und alles zu dürfen. Weisen Sie ihm von Anfang an, seinen Platz in dem neuen »Rudel« zu. Bleiben Sie dabei aber immer ruhig und besonnen.

Ob das wohl etwas Fressbares ist? Die ersten Ausflüge in den Garten sind richtig spannend.

Das Familienrudel

WICHTIG

Lassen Sie kleine Kinder nie alleine mit einem Boxer an der Leine spazieren gehen. Ein junges Tier hat bereits viel Kraft und ist noch nicht vollständig dazu erzogen, brav an der Leine zu gehen.

Boxer lieben Gesellschaft. Sie akzeptieren problemlos die zweibeinigen Rudelmitglieder und beziehen auch andere Haustiere in ihr neues Leben ein. Dennoch sollten Sie auf alle Kontakte ein wachsames Auge haben. Das temperamentvolle Auftreten des Boxers kann zu ungewollten und nicht böse gemeinten Missverständnissen führen.

Kinder und Boxer – ein prima Team

Es erstaunt immer wieder, wie sanft die ansonsten so burschikosen Boxer mit Kindern umgehen – vorausgesetzt beide Seiten haben keine schlechten Erfahrungen miteinander gemacht. Fast alle Kinder wünschen sich irgendwann einen Hund, ein »lebendiges Spielzeug«, das sich wirklich so benimmt wie die Stofftiere in der kindlichen Fantasie, die laufen, sprechen, spielen und fressen können, aber Schläge, Kniffe und Tritte kommentarlos hinnehmen. Genau das ist der Punkt, an dem die Aufklärung und Erziehung ansetzen muss.

Hunde sind kein Spielzeug, brauchen ihre Ruhezeiten und wollen ungestört fressen. Kinder müssen das einsehen und sich entsprechend verhalten. Ohne Aufsicht klappt das nicht immer. Ein Boxer im Flegelalter (ca. 6. bis 12. Lebensmonat) testet seine Kraft und sein Durchsetzungsvermögen. Kinder stehen für einen Hund in dieser Phase auf einer ähnlichen Rangstufe im Familienrudel wie er selbst. Der heranwachsende Vierbeiner wird versuchen, den kleinen Zweibeiner zu übertrumpfen. Die Methoden sind oft recht rüde, wie man bei einer Balgerei zwischen jungen und älteren Hunden beobachten kann. In dieser Zeit müssen Eltern den kleinen Freunden hilfreich zur Seite stehen, damit es nicht zu Konflikten mit schmerzlichem Ausgang kommt. Kleinkinder sollte man mit Boxern sicherheitshalber nicht alleine lassen, weil bei beiden Handlungen und Reaktionen nicht vorhersehbar sind.

Kinder können sicherlich gewisse Aufgaben und Pflichten bei der Hundebetreuung übernehmen, aber man darf ihnen nicht zu viel aufbürden. Sie sollen Verantwortung lernen, doch immer nur je nach Alter im Rahmen ihrer Möglichkeiten. Unter einer Überforderung würde auch der Hund leiden.

ACHTUNG

Wenn Sie bereits einen Stubentiger haben und einen erwachsenen Boxer ins Haus holen, erkundigen Sie sich nach seinem Verhalten Katzen gegenüber. Aus einem erwiesenen Katzenhasser wird nie ein Katzenfreund.

Der Kontakt zu anderen Haustieren

Goldhamster, Meerschweinchen, Zwergkaninchen und Co. werden von allen Hunden als Beutetiere angesehen. Die schnellen Bewegungen der kleinen Nager wecken den Hetztrieb. Der Freilauf im Zimmer kann für sie fatal enden. Fängt der Hund seine »Beute«, schüttelt oder beißt er das Tier vielleicht tot. Oft sterben die Kleintiere auch an Schock, weil Hunde – wie Wölfe, Füchse, Schakale und andere Raubtiere in der Natur – zu ihren ärgsten Feinden zählen. Ersparen Sie Ihren Kindern, den kleinen Nagern, Ihrem Hund und sich selbst ein derartiges Erlebnis: entweder Kleintiere oder Hund.

Zwischen Hunden und Katzen gibt es keine Erzfeindschaft, sondern lediglich Verständigungsschwierigkeiten. Wedelt ein Hund mit seiner Rute, signalisiert er Freundlichkeit. Schlägt der Schwanz einer Katze hin und her, ist sie ärgerlich. Hebt der Hund seine Pfote, will er spielen. Die gleiche Geste bei einer Katze bedeutet, jetzt setzt es Hiebe. Junge Katzen und junge Hunde gewöhnen sich gut aneinander, weil sie schnell die »Sprache« des anderen erlernen.

So richtig glücklich ist ein Boxer, wenn alle Familienmitglieder beisammen sind.

Futter und Körperpflege

Abgesehen von reichlich Zuneigung braucht ein Boxer eine ausgewogene Ernährung. Sie richtet sich nach seinem Alter und den sportlichen Aktivitäten. Boxer sind ausgesprochen pflegeleicht und werden nur einmal pro Woche gebürstet. Sie genießen diese Prozedur, die das Verhältnis Mensch-Hund fördert.

Liebevoller Kontakt mit der zweibeinigen Freundin ist für den Boxer ebenso wichtig wie eine artgerechte Ernährung.

Der Boxer, wie jeder andere Hunde auch, ist ein Gewohnheitstier und fühlt sich in einem geregelten Tagesablauf am wohlsten. Dazu gehören festgelegte Futterzeiten und Spaziergänge, die seinen Bedürfnissen entsprechen. Kleine Abweichungen nimmt er nicht übel. Dennoch wird die Familie in ihren Tagesplan das neue Mitglied integrieren müssen und hier und da Kompromisse schließen. Das gilt auch für die Kids, die auf diese Weise lernen, Verantwortung für ein Lebewesen zu übernehmen.

Alles im richtigen Maß

Solange der Hund nicht ausgewachsen ist, in den ersten 18 Monaten, gelten andere Regeln als später für den erwachsenen Hund. In der Wachstumsphase sind Skelett, Sehnen und Gelenke noch nicht voll belastbar, dafür ist der Hunger groß – er muss ja noch wachsen. Er bekommt mehrere Mahlzeiten am Tag. Später darf der muntere Geselle richtig toben und wird nur noch einmal täglich gefüttert. Fallen Sie nicht auf hungrige Blicke herein, Hunde können fast immer fressen. Ist der Hund zu dick, macht ihm sein Leben weniger Spaß und er ist viel anfälliger für Krankheiten. Abmagerungskuren sind für Hunde genauso stressig wie für Menschen.

Artgerechtes Futter

TIPP Wenn Sie oft mit Ihrem Hund verreisen, sollten Sie ihm Dosenfutter geben. Das kann man leicht mitnehmen oder am Urlaubsort kaufen. Frischfutter lässt sich nicht immer herstellen. Futterumstellungen führen fast bei allen Hunde zu Durchfall.

Mit seinem faltigen, fast sorgenvollen Gesicht, dem Fell, das an einen noch zu großen Pullover erinnert und den tapsigen Bewegungen ist ein junger Boxer unwiderstehlich. Man schmilzt dahin und will ihn nur noch knuddeln. Außer ihrer Zuneigung braucht er jetzt vor allem die richtige Kost.

Ernährung des Welpen und jungen Hundes

Welpen werden meistens zwischen der 10. und 12. Lebenswoche abgegeben. Halten Sie sich in den ersten 1–2 Wochen an den Fütterungsplan des Züchters. Am besten lassen Sie sich auch einige Dosen des gewohnten Futters mitgeben. Die Aufregung des Umzugs und all die neuen Eindrücke schlagen sich bei Welpen oft auf Magen und Darm. Sie bekommen leichten Durchfall, der sich jedoch nach wenigen Tagen gibt. Wenn nicht, suchen Sie den Tierarzt auf.

WICHTIG

Für den Hund muss immer ein Napf mit Trinkwasser bereitstehen. Es sollte zweimal täglich erneuert werden.

Nach den Mahlzeiten sind auch Hunde müde und wollen ihre Ruhe haben.

Füttern Sie Welpenkost. Sie enthält alle notwendigen Zutaten, die ein junger Hund braucht. Die Mengen sind auf den Packungen angegeben. Dazu gibt es einige Extras. Der Kleine muss sich richtig satt fressen können und danach unbedingt seinen Verdauungsschlaf machen dürfen. Rechnen Sie die Leckerlis in die täglichen Rationen ein.

Ernährung des erwachsenen Hundes

Mit 12 Monaten ist ein Boxer fast schon ausgewachsen und bekommt normale Kost. Die tägliche Futtermenge ist jetzt viel geringer als noch vor einem halben Jahr. Die Mengenangaben der Hersteller auf den Verpackungen sind reichlich bemessen. Sie können ruhig darunter bleiben, ohne dass Ihr Hund hungert. Beim Boxer soll man die Rippen unter dem Fell gerade noch ahnen können, dann ist er nicht zu dick und nicht zu dünn. Die Futtermenge richtet sich auch nach der Belastung des Hundes. Treiben Sie mit ihm viel Sport, braucht er etwas größere Portionen. Füttern Sie nicht nach 18 Uhr, damit der Hund vor der Nachtruhe noch verdauen und sich lösen kann. Geben Sie ihm seine Tagesration immer zur gleichen Zeit

Ernährung des älteren Hundes

Ab dem 7. oder 8. Lebensjahr bekommt Ihr Boxer wieder zweimal täglich seinen Futternapf gefüllt. Mit zunehmendem Alter bewegt er sich immer weniger und braucht auch nicht mehr so große Portionen. Geben Sie ihm nicht zu viel Fleisch, weil Eiweiß die Nieren älterer Tiere stark belastet. Es gibt Fertigkost für Senioren.

Achtung

- Keine Essensreste verfüttern – sie sind zu sehr gewürzt und zu salzig.
- Verdorbenes gekochtes Fleisch macht Hunde ebenso krank wie uns.
- Bei Trockenfutter auf Schimmelbildung achten. Nur kleinere Mengen lagern, da man die Schimmelpilze schwer erkennt.
- Milch führt bei erwachsenen Hunden zu Durchfall.
- Das Futter muss immer handwarm sein.
- Die Umstellung auf anderes Futter nur allmählich durchführen – ein plötzlicher Wechsel führt meist zu Durchfall.

Futterplan vom 3. bis12. Monat

Alter	Zahl der Mahlzeiten	Fütterung zwischen	Futter
3.–4. Monat	4	7–19 Uhr	Welpenflocken, Welpenaufzuchtmilch, Welpenfutter aus der Dose, etwas Quark, täglich 1 TL Honig, ab und an ½ geriebener Apfel oder ½ Banane
5.–7. Monat	3	8–18 Uhr	Dosenvollnahrung, Trockenfutter mit allen Zutaten; Quark, Honig, Apfel, Banane (s.o.); 1 Eidotter pro Woche
8.–9. Monat	2	9–18 Uhr	Fertignahrung für heranwachsende Hunde; gelegentlich die Extras (s. o.)
10.–12. Monat	1–2	9–18 Uhr	Fertignahrung für den erwachsenen Hund

Dose, Tüte oder Kochtopf ?

ACHTUNG

Geben Sie Ihrem Hund niemals rohes Schweinefleisch. Es kann den für den Menschen ungefährlichen, für den Hund aber tödlichen Aujeszkyschen Virus enthalten, der nur durch sehr langes Kochen vernichtet wird

TIPP Geben Sie Ihrem Hund ein- oder zweimal wöchentlich zur Unterstützung einer gesunden Darmflora eine Knoblauchzehe ins Futter und einen Teelöffel Distelöl.

WICHTIG

Füttern Sie nicht ausschließlich Trockenfutter, weil es dem Körper Feuchtigkeit entzieht und dadurch auf die Dauer die Nieren geschädigt werden. Die von den Flocken aufgenommene Feuchtigkeit und auch das Wasser, das der Hund trinkt, reichen nicht aus, den Feuchtigkeitsverlust zu ersetzen.

Die einen schwören auf Fertigfutter, die anderen kochen für ihren vierbeinigen Liebling selbst. Beides hat Vor- und Nachteile. Gesund und artgerecht ernähren kann man seinen Hund sowohl mit den industriell gefertigten Produkten als auch mit Frischkost aus eigener Herstellung.

Fertigfutter

Die Angebotspalette ist riesig und man muss schon genau hinsehen, um das Richtige zu kaufen. Es gibt Mischungen für Welpen, junge, erwachsene und ältere Hunde, für große, mittlere und kleine Rassen, für sehr aktive und ruhigere Vierbeiner als Vollnahrung oder zum Mischen mit anderem Futter. Die Hersteller lassen sich immer wieder etwas Neues einfallen für ihre »vierbeinigen Kunden«. Fertigfutter wird in drei Formen angeboten.

- **Dosenfutter:** Es gibt Vollnahrung oder reines Fleischfutter, das mit Getreideflocken oder gekochtem Reis gemischt werden muss.
- **Halbtrockenfutter:** Diese Vollnahrung besteht aus weichen Brocken in verschiedenen Geschmacksrichtungen – was dem Hund allerdings ziemlich egal ist, da seine Geschmacksnerven nicht besonders ausgebildet sind. Die Produkte enthalten rund dreimal so viele Kalorien wie Dosenfutter und müssen entsprechend geringer dosiert werden. Sie eignen sich gut als Belohnungshäppchen, weniger als Alleinfutter.
- **Trockenfutter:** Es gibt Produkte, die alle notwendigen Bestandteile enthalten und reine Getreide-Gemüse-Mischungen als Beigaben zu Fleisch oder Fisch. Trockenfutter muss immer wenigsten 15 Minuten in reichlich Wasser oder salzloser Brühe quellen.

Frischkost

Es macht nur wenig Mühe, das Futter selbst zuzubereiten. Einmal in der Woche einkaufen und die täglichen Portionen einfrieren. Füttern Sie rohes oder gekochtes Fleisch nur von gesunden Schlachttieren. Erlaubt ist Rind, Kaninchen, Wild und Geflügel. Tiefkühlgeflügel darf wegen der Salmonellengefahr nur gut durchgekocht verfüttert werden. Alle Knochen sorgfältig entfernen. Auch gründlich entgräteter und gekochter Fisch bekommt Hunden sehr gut. Wen der Geruch nicht stört, kann ab und an grünen (ungewaschenen) Pansen unter das Futter mischen.

Zum Fleisch gibt es ungeschälten Reis, Graupen, Nudeln (alles in der Brühe gekocht) oder eine Trockenfuttermischung aus Getreide und Gemüse. Auch altbackenes Vollkornbrot schmeckt und bekommt Ihrem Boxer gut. Alle frischen Gemüse (abgesehen von blähenden Arten) sind erlaubt, aber nur in gekochtem Zustand. Auch ein wenig Obst (zum Beispiel Äpfel, Bananen und Birnen) schadet nicht. Schneiden Sie die Zutaten in mundgerechte Stücke. Geben Sie ab und an ein Mineralstoff/Vitaminpräparat ins Futter. Besonders wichtig ist der Vitamin-B-Komplex (Hefeflocken). Tun sie aber nicht zu viel des Guten. Auch hier sind die Angaben der Hersteller reichlich bemessen.

Ein erwachsener, sportlich geforderter Boxer bekommt 2/3 Fleisch und 1/3 pflanzliche Kost, ein weniger aktiver Hund 1/3 Fleisch, 2/3 Getreide und Gemüse.

Achtung

Knochen sind kein Hundefutter. Sie führen zu hartem bröseligen Stuhl, der dem Hund beim Absetzen Schwierigkeiten bereitet. Manchmal ist sogar Darmverschluss die Folge, der oft erst zu spät erkannt wird. Besonders gefährlich sind Geflügelknochen, weil sie leicht splittern. Beim Schlucken kann es zu inneren Verletzungen kommen. Kauartikel sind eine gute Alternative.

Da muss doch noch etwas zu finden sein! Hunde können fast immer fressen.

Körperpflege

INFO

Gebadet wird ein Boxer nur in Ausnahmefällen, wenn er sich zum Beispiel in einem verdreckten Tümpel herumgetrieben hat und sehr schmutzig ist und übel riecht.

Hunde brauchen regelmäßigen Körperkontakt mit den anderen »Rudelmitgliedern« – auch ein Überbleibsel aus ihrer wölfischen Vergangenheit: Das ranghöhere Tier »pflegt« mit Lecken und Beknabbern das rangniedere und festigt so die sozialen Kontakte. Körperpflege dient aber auch der Hygiene und Früherkennung von Krankheiten. Gewöhnen Sie den Hund schon im Welpenalter daran. Er muss sich von Ihnen überall anfassen lassen.

Fellpflege ist fast wie Streicheln

Einmal in der Woche striegeln Sie Ihren Boxer zunächst mit einer Gummikardätsche oder einen Gumminoppenhandschuh – gegen den Strich und dann

Einmal in der Woche braucht auch ein Boxer ein wenig Fellpflege.

mit dem Strich. Anschließend wird er glatt gebürstet und das Fell mit einem feuchten Lederlappen abgerieben. Dann können Sie sicher sein, die meisten losen Haare entfernt zu haben. Ein Boxer haart das ganze Jahr ein wenig, während des Fellwechsels im Frühjahr und im Winter stärker. Sie tun mit der wöchentlichen Fellpflege nicht nur Ihrem Hund einen Gefallen, sondern auch sich selbst. Die kurzen, glatten Boxerhaare bleiben in allen Textilien stecken und sind nur schwer zu entfernen.

ACHTUNG

Im Spätsommer und Herbst setzen sich manchmal Grannen (Gras- und Getreidesamen) zwischen den Zehen fest. Sie bohren sich in die weiche Haut und verursachen schmerzhafte Entzündungen. Kontrollieren Sie die Pfoten regelmäßig.

Die Augen sind empfindlich

Die großen Augen des Boxers sind klar und vertragen keine Zugluft. Sitzt er im Auto immer am offenen Fenster, kann es zu einer Bindehautentzündung kommen. Bei manchen Boxern hängt das untere Lid ein wenig herab (offenes Auge), wodurch die Augen noch empfindlicher werden. Reinigen Sie die Augenwinkel mit einem feuchten, weichen Tuch, wenn sich Tränenflüssigkeit absondert. Bindehautentzündung lässt sich mit einer entsprechenden Salbe behandeln. Fragen Sie den Tierarzt.

Die Ohren regelmäßig säubern

Einmal wöchentlich werden die Ohren innen mit einem ölgetränkten Tuch (Babypflegetücher) gereinigt. Bohren Sie nicht im Ohrinneren herum und verwenden Sie auch keine Wattestäbchen. Beides kann zu Verletzungen führen. Riechen Sie einmal in der Woche in die Ohren hinein. Ist der Geruch unangenehm, gehen Sie sofort zum Tierarzt. Oft sind Ohrmilben der Grund.

Pfoten und Krallen kontrollieren

Liegt im Winter Schnee, setzen sich zwischen den Ballen oft mit Sand und Erde vermischte Eisklümpchen fest. Außerdem greifen salzhaltige Streumittel die Haut an. Reinigen Sie die Pfoten nach jedem Spaziergang in klarem Wasser. Läuft der Hund größtenteils auf weichem Boden, können die Krallen zu lang werden. Sie müssen gekürzt werden. Lassen Sie sich das von einem Tierarzt zeigen, denn in den Krallen befinden sich Blutgefäße.

Wenn Sie züchten wollen

INFO

Ausführliche Informationen zur Boxerzucht bekommen Sie von einem Boxer-Klub. Lassen Sie sich beraten, bevor Sie sich in dieses Abenteuer stürzen (Anschriften siehe Seite 62).

Der Entschluss, Boxer zu züchten, will gut überlegt sein. Verantwortungsvolle Hundezucht bedeutet einen großen Aufwand an Zeit und Geld. Nur wenn Ihnen wirklich die Rasse am Herzen liegt und Sie ein Interesse daran haben, dem Standard entsprechende Hunde anzubieten, sollten Sie den Schritt wagen. Sie benötigen auch ein fundiertes Wissen über Vererbungslehre, Betreuung der Hündin während der Trächtigkeit und als Hundemutter, Aufzucht der Welpen sowie den geeigneten Raum – bei mehreren Hunden einen gut ausgestatteten Zwinger, bei nur einem Tier ein »Hundezimmer« in einem Haus mit strapazierfähigem Garten. Wenn Sie Hundezucht beruflich betreiben wollen, müssen Sie eine Gewerbe anmelden und dafür von Ihrer Gemeinde eine Erlaubnis bekommen. Es würde den Rahmen dieses Buches sprengen, auf alle Einzelheiten näher einzugehen. Deshalb lesen Sie hier nur einige zusammenfassende Anmerkungen.

INFO

Eine Hündin wird normalerweise zweimal im Jahr im Abstand von 6 Monaten läufig. Die Hitze dauert etwa 21 Tage. Zwischen dem 10. Und 14. Tag ist eine Befruchtung möglich.

Die Voraussetzungen

Ihr Boxer muss eine anerkannte Ahnentafel haben. Bevor Sie mit Ihrer Hündin oder Ihrem Rüden züchten dürfen, werden die Tiere zunächst bei einer Zuchttauglichkeitsprüfung (ZTP) unter die Lupe genommen. Der Zuchtwart prüft dabei die Wesensmerkmale und die körperlichen Voraussetzungen des Hundes. Sie müssen dem vorgegebenen Spielraum den Standards entsprechen. Zur Zuchttauglichkeit gehört auch eine Ausdauerprüfung (AD). Außerdem ist der Nachweis einer Untersuchung auf Hüftgelenksdysplasie (HD) vorzulegen (siehe Seite 52). Nur Hunde, die frei davon sind, bei denen lediglich der Verdacht auf HD besteht oder die eine leichte HD aufweisen, werden zur Zucht zugelassen. Mit der Zucht beginnen dürfen Sie, wenn der Hund den 18. Lebensmonat vollendet hat.

Wer einmal mit der Zucht angefangen hat, wird sicherlich einen gewissen Ehrgeiz entwickeln und seinen Hund kören lassen wollen. Die Körung ist eine weitere Auslese der Zuchttiere und mit dem Besuch vieler Ausstellungen verbunden. Voraussetzung ist zunächst eine Ausbildung zum Begleithund und dann als Schutzhund oder Fährtenhund mit jeweils bestandenen Prüfungen.

Trächtigkeit und Aufzucht

Haben Sie den richtigen Partner für Ihre Hündin gefunden und hat die Hochzeit geklappt, dauert es durchschnittlich 63 Tage bis zur Geburt. In den ersten vier Wochen verläuft das Leben der Hündin wie gewohnt. Danach bekommt sie fleischreicheres Futter in mehreren kleinen Portionen täglich und darf weniger laufen. Etwa zwei Wochen vor der Geburt gewöhnt man die Hündin langsam an die Wurfkiste.

Normalerweise braucht die Hündin keine Hilfe bei der Geburt. Sie sollten jedoch dabei sein, um im Notfall eingreifen zu können oder den Tierarzt zu benachrichtigen. Während der rund dreimonatigen Aufzucht der Welpen sind Sie nahezu rund um die Uhr beschäftigt. Sowohl die Hundemama als auch die Kleinen erfordern Ihre ganze Zeit und Aufmerksamkeit. Nach dem 10. bis 14. Tag öffnen die Hundebabys ihre Augen und werden zusehends munterer. Futter, die notwendigen Impfungen, Wurmkur und die tägliche Reinigung – es gibt immer etwas zu tun. Vom ersten Tag an sollen die Welpen Kontakt zu Menschen haben und möglichst bald auch zu ihrer Umgebung.

INFO

Wer nicht züchten will, kann die Tiere kastrieren oder sterilisieren lassen oder bei der Hündin die Hitze durch Spritzen unterdrücken. Beide Methoden haben vor und Nachteile. Lassen Sie sich von Ihrem Tierarzt beraten.

In Begleitung der Mama fühlen sich die Kleinen bei den ersten Ausflügen sicher.

Mit Konsequenz und viel Geduld

Es ist nicht ganz einfach, einem selbstbewussten Boxer Manieren beizubringen. Sie dürfen auf keinen Fall Schwächen zeigen. Boxer sind gewitzt und würden das sofort zum eigenen Vorteil ausnutzen. Der Bewegungsdrang dieser Rasse ist groß und hält auch Sie beim Sport mit dem Hund fit und gesund.

Boxer haben viel Freude an Apportierspielen. Das Bringholz wird immer wieder für ein neues Spiel zurück gebracht.

Man neigt nur zu leicht dazu, dem liebenswerten Welpen seine fröhlichen Streiche zu verzeihen. Ist es nicht niedlich, wie er da auf dem Sofa sitzt oder sich mit dem Einkaufskorb amüsiert? Unarten, die sich Ihr kleiner Boxer in den ersten Monaten seines Lebens angewöhnt, sind ihm nur schwer wieder abzugewöhnen.

Verständnis und Vertrauen

Eine erfolgreiche Erziehung Ihres Boxers wird Ihnen nur gelingen, wenn Sie sich in Verhalten und Wesen des Hundes hineinversetzen. Er will »arbeiten« und braucht Beschäftigung. In seinen Genen ist immer noch das Leben von einst im Wolfsrudel vorprogrammiert. Darauf müssen Sie aufbauen. Sich in sein »Rudel« einordnen und bestimmte Dinge lernen ist für ihn keine Last, sondern eine Notwendigkeit. Auch in einem Hunderudel geben die Leittiere »Befehle«, weisen Jungtieren ihren »Platz« zu und lassen sie nicht auf das »Sofa« – sprich, auf den Schlafplatz des Hundebosses. Ihr Boxer kann allerdings nicht logisch denken und ist nicht in der Lage, zeitlich voneinander getrennte Ereignisse in einen Zusammenhang zu bringen. Jedes Training muss spielerisch und dennoch konsequent sein. So baut sich gegenseitiges Vertrauen auf.

Aller Anfang ist schwer

WICHTIG

Mit Wutausbrüchen oder Schlägen erreichen Sie gar nichts. Ihr Hund würde nur Angst bekommen, stur oder sogar aggressiv werden. Ständiges Wiederholen der Übungen und Belohnungen (Streicheln, Leckerlie, lobende Worte) führen zum Erfolg.

Ist der kleine Hund Ihr erster Boxer? Dann lassen Sie sich unbedingt von einem erfahrenen Hundetrainer bei der Erziehung helfen. Zunächst müssen nämlich Sie lernen, wie man einen Hund erzieht. Ihre Stimme, Körperhaltung, Gestik und Mimik spielen dabei eine große Rolle. Erkundigen Sie sich bei Hundesportvereinen, ob es in Ihrer Nähe eine Welpenschule gibt. Dort lernt der Hund nicht nur die ersten Regeln, sondern auch den Umgang mit Artgenossen.

Leinenführigkeit

Die Gewöhnung an das Halsband macht meist keine Probleme. Sobald der tatendurstige Kleine jedoch begreift, dass die Leine ihn in seiner Bewegungsfreiheit einschränkt, wird er protestieren.

Lassen Sie ihn zunächst schnüffeln und ziehen Sie ihn nicht an der Leine hinter sich her. Locken Sie ihn zu sich heran und beschleunigen Sie Ihren Schritt ein wenig. Rennt er nach vorne, rucken Sie kurz an der Leine und locken ihn ebenfalls heran. Begleiten Sie diese Maßnahmen mit den Hörzeichen »Fuß!«. Der Hund geht übrigens immer links. Die Regeln in der Hundeausbildung schreiben vor, dass sich die Schulter des Hundes, wenn er bei »Fuß!« läuft, neben dem Bein des Hundehalters befinden soll.

Versucht Ihr Wildfang in die Leine zu beißen, wird er mit einem entschiedenen »Nein!« davon abgehalten. Der Hund darf die Leine nicht als Spielzeug betrachten, aber auch nicht als Strafe oder Zwang empfinden, sondern als positive Verbindung zu seinem Besitzer.

WICHTIG

Dem von Natur aus selbstbewussten Boxer müssen Sie immer wieder daran erinnern, dass Sie der Boss sind. Drehen Sie schon den Welpen gelegentlich auf den Rücken und kraulen Sie ihm den Bauch. Wehrt er sich dagegen, halten Sie ihn mit sanftem Druck in dieser Position, bis er sich ergibt.

Freilauf

Wenn es auch schwerfällt, Sie müssen Ihren kleinen Freund auch von der Leine lassen. Wenn er brav bei »Fuß!« geht, machen Sie ihn für einige Meter von der Leine los und leinen Sie ihn wieder an – bevor er so richtig begreift, dass er ja eigentlich abhauen könnte. Die Strecken allmählich verlängern. Darf sich der Hund frei bewegen, muss er auf das Hörzeichen »Komm!« zu ihnen kommen und auf das Hörzeichen »Fuß!« neben ihnen bleiben.

Auslassen

Junge Hunde nehmen alles in die Schnauze, kauen genüsslich daran herum und schlucke oftmals Dinge, die ihnen gar nicht gut bekommen. Im schlimmsten Fall kann es zu Vergiftungen kommen oder zu einem Darmverschluss. Ihr Boxer muss alles freiwillig hergeben, wenn Sie »Aus!« sagen.

Schlagen Sie ihm einen Tausch vor. Hat er gerade einen Ihrer besten Schuhe zwischen den Zähnen, sagen Sie »Aus!« und bieten ihm ein Leckerli an. Er wird sicherlich den Schuh fallen lassen und mit großem Genuss den Hundekuchen fressen. Wenn das nicht klappt, drücken Sie mit der Hand von oben die Lefzen gegen den Fang. Das mag er nicht und wird den Fang öffnen. Wiederholen Sie die Übung auch, wenn er einen Kauknochen oder andere erlaubte Dinge bearbeitet. In diesen Fällen bekommt er sein Spielzeug nach einer kurzen Zeit wieder. Der Hund darf nicht den Eindruck gewinnen, dass er bei diesem »Spiel« immer leer ausgeht. Auch das Apportiertraining hilft bei diesem Erziehungsprogramm.

Leinenführigkeit und »Sitz!« gehört zum regelmäßigen Übungsprogramm in der Hundeschule.

Stubenreinheit

ACHTUNG

Nicht alle Menschen mögen Hunde und der Tritt in einen Kothaufen macht niemanden Freude. Nehmen Sie immer eine Plastiktüte oder eine spezielle Papiertüte mit, um die Häufchen vom Gehweg entfernen zu können.

Wie wird der Kleine stubenrein? Diese Frage beschäftigt die neuen Hundebesitzer zunächst am meisten. Nach jedem Aufwachen, nach den Mahlzeiten und wenn er sich unruhig, schnüffelnd im Kreise dreht, wird er nach draußen getragen. Suchen Sie sich einen Löseplatz in der Nähe (Erde oder Gras) und setzen Sie ihn ab. War er erfolgreich, wird er heftig gelobt und mit einem Leckerli belohnt. Wenn Sie in den ersten zwei, drei Wochen in diesem Punkt absolut konsequent sind, wird es kein Malheur mehr auf dem Teppich geben.

Machen Sie nicht aus Bequemlichkeit den Fehler, den Welpen im Garten (oder auf dem Balkon) sein Geschäft verrichten zu lassen. Der Hund wird sich das nicht mehr abgewöhnen. Mit Konsequenz können Sie erreichen, dass der Garten genauso tabu ist wie die Wohnung. Es hat wenig Zweck, den Hund auszuschimpfen oder gar mit der Nase in den Urin oder Kot zu stupsen, wenn ihm ein Missgeschick passiert ist. Er kann die Strafe schon wenige Augenblicke nach der »Tat« nicht mehr damit verbinden.

Keinesfalls dürfen Sie die Tür öffnen, wenn Ihr Boxer jammert, weil er nicht alleine bleiben will.

Auch wird er nicht begreifen, wieso ein so zwingend natürlicher Vorgang Ihren Unmut erregt. Manche Hunde setzen sich dann beim nächsten Mal in den hintersten Winkel. Beseitigen Sie das Unglück ohne Murren. Der Lernvorgang beim Hund besteht darin, immer eine Belohnung zu bekommen, wenn er draußen erfolgreich war.

Alleinbleiben

Heulen, Bellen, Wimmern, Jaulen – die Lautskala der Proteste ist reichhaltig, wenn der kleine Schatz alleine gelassen wird – oft sehr zum Ärger der Nachbarn.

Auch diese Reaktion des Hundes ist von seiner Natur aus gesehen verständlich. Als Rudeltier ist er nur glücklich, wenn er seine »Familie« um sich hat. Alleinsein bedeutet für ihn zunächst Verlassensein und erzeugt Angst. Dennoch muss sich Ihr Boxer daran gewöhnen, auch einige Stunden allein zu bleiben. Fangen Sie gleich in der ersten Woche damit an.

- Erlauben Sie dem Kleinen nicht, immer hinter Ihnen herzulaufen und lassen Sie ihn auch nicht immer in alle Räume.
- Ist er nach einem Spaziergang müde, lassen Sie ihn allein in dem Raum, in dem sich sein Ruheplatz befindet, schließen die Tür, kommen nach kurzer Zeit wieder und loben ihn – aber nur dann, wenn er nicht jault und jammert.
- Ist er mit einem Spielzeug beschäftigt, verhalten Sie sich ebenso und verlassen für kurze Zeit den Raum.
- Beginnen Sie mit wenigen Minuten und lassen Sie ihn nach und nach immer ein bisschen länger allein.
- Wenn das in der Wohnung schon recht gut klappt, verlassen Sie zunächst für wenige Minuten und dann für eine etwas längere Zeit das Haus.
- Bleiben Sie nicht hinter der Wohnungstür stehen. Ihr kleiner Freund hat ein besseres Gehör als Sie und fällt auf solche Tricks nicht herein.
- Gehen Sie niemals zu ihm zurück, wenn er jammert und bellt. Dann hätte er ja erreicht, was er mit dem Theater bezweckt. Sie müssen einen Augenblick abpassen, in dem er still ist. Die herzliche Begrüßung kann mit einem Leckerli oder einem kurzen Spiel verbunden werden.

Wichtig

Lassen Sie Ihren Boxer niemals auf einem Kinderspielplatz frei laufen und schon gar nicht dort seine Geschäfte erledigen. Das gehört sich einfach nicht und kann auch teuer werden. Werden Sie erwischt, kostet das in einigen Gemeinden mehrere Hundert Mark Bußgeld.

Wichtig

Wenn Sie einen bereits erwachsener Boxer zu sich genommen haben, hat er eine Trennung von seinen Menschen hinter sich. Das erzeugt bei dem Hund große Trennungsängste. Lassen Sie ihn allein, wird er vermutlich jammern, weil er wieder Angst bekommt, verlassen zu werden.

Die Grundregeln

TIPP Lassen Sie Ihren Hund vor dem Training toben und sich lösen. Ist er schon ein wenig müde und »erleichtert«, kann er sich besser auf die Übungen konzentrieren.

Die Verständigung mit Ihrem Hund erfolgt über Hör- und Sichtzeichen. Alle Familienmitglieder müssen die gleichen Begriffe und Gesten verwenden. Soll Ihr Boxer seinen Ausflug in die nähere Umgebung beenden, darf nicht der eine »Komm!« und der andere »Hier!« oder »Hierher!« rufen. Das verwirrt den vierbeinigen Schüler und er begreift nicht, was er tun soll. Auch die Handbewegungen, der Ablauf der Übungen und die Stimmlage sind immer die gleichen. Jede angefangene Übung muss erfolgreich zu Ende geführt werden – auch wenn Sie Ihren Hund mehrmals dazu auffordern müssen. Beenden Sie jede Übung mit dem Hörzeichen »Lauf!«.

WICHTIG

Leckerlis als Belohnung dürfen nicht zum Normalfall werden. Streicheln, ein freundlicher Klaps und lobende Worte zeigen Ihrem Hund genauso, dass Sie mit seinem Verhalten einverstanden sind.

Ihr Boxer soll sich hinsetzen

Sagen Sie mit ruhiger, aber entschiedener Stimme »Sitz!« und zeigen Sie dabei mit der rechten Hand nach unten. Im Anfang verdeutlicht ein sanfter Druck auf die Kruppe dem Hund, was Sie von ihm wollen. Belohnen Sie die korrekte Ausführung mit einem Streicheln und ab und an mit einem Leckerli.

Ihr Boxer soll sich hinlegen

Hat er den Begriff »Sitz!« gelernt, können Sie mit der Übung »Platz!« beginnen. Lassen Sie den Hund sitzen und ziehen Sie die Vorderläufe leicht nach vorne und sprechen Sie das Hörzeichen aus. Versuchen Sie es nach einiger Zeit ohne Nachhilfe. Zeigen Sie dabei mit beiden Händen nach unten.

TIPP Um dem Hund die Lernziele deutlicher zu machen, sprechen Sie die Hörzeichen auch dann aus, wenn er von sich aus bestimmte Dinge tut. Sagen Sie »Sitz!«, wenn er sitzt«, »Platz!«, wenn er liegt und rufen Sie »Komm!«, wenn er sowieso angelaufen kommt.

Ihr Boxer soll auf seinem Platz bleiben

Sobald er »Sitz!« und »Platz!« zuverlässig beherrscht, kommt »Bleib!« an die Reihe. Hat er die von Ihnen gewünschte Position eingenommen, sprechen Sie das Hörzeichen aus, richten beiden Handflächen auf den Hund und bleiben zunächst vor ihm stehen. Nach wenigen Augenblicken sagen Sie »Lauf!« und lösen die Übung auf. Nach einigen Tagen beginnen Sie, sich zuerst einen Schritt und dann mehrere rückwärts gehend von dem Hund zu entfernen. Steht er auf und will Ihnen folgen, gehen Sie auf ihn zu und wiederholen die Übung. Ziel ist es, dass der Hund liegen bleibt, auch wenn Sie sich umdrehen oder aus seinem Blickfeld verschwinden. Dieses Training ist sehr wichtig, weil Sie den Hund ablegen und damit eventuell aus gefährlichen Situationen heraus halten können.

WICHTIG

Beenden Sie grundsätzlich alle Übungen positiv, am besten mit einer kurzen Spielrunde. Eine halbe Minute genügt.

Ihr Boxer soll herankommen

Läuft der Hund frei herum, muss er auf Ihren Wunsch sofort zu Ihnen zurück kommen. Ob Sie »Komm!« rufen, eine bestimmte Melodie pfeifen oder eine Hundepfeife benutzen, bleibt Ihnen überlassen. Trainieren Sie diese Übung zunächst, solange der Hund Sie sehen kann. Gehen Sie in die Hocke oder schlagen Sie mit den Händen auf die Oberschenkel als Sichtzeichen. Wann immer der Hund zu Ihnen zurück kommt – und sei es nach einer Stunde – dürfen Sie ihn nie bestrafen, sondern müssen ihn immer loben. Vermeiden Sie unbedingt, dass er sein Kommen mit einem Negativerlebnis verbindet.

Bei »Platz!« legt sich der Hund hin und wartet aufmerksam auf weitere Hörzeichen.

Hundesport im Verein

TIPP Viele Hundesportvereine bieten Interessenten Probestunden oder Schnupperkurse an. Sie müssen also nicht immer gleich in einen Verein eintreten, wenn Sie zusammen mit Ihrem Vierbeiner testen wollen, ob die gemeinsame Arbeit auch Spaß macht.

Boxer gehören zu den anerkannten Gebrauchshunderassen. Sie sind als Schutzhunde »im Dienst«, als Fährten- und Rettungshunde. Wenn die Grunderziehung abgeschlossen und der Hund voll belastbar ist, können Sie mit ihm weiter arbeiten und ihn einen der »Berufe« erlernen lassen. Ganz nebenbei ist das auch für Sie ein ausgezeichnetes Fitnesstraining an der frischen Luft – bei nahezu jedem Wetter. Anschriften von Hundesportvereinen und Boxer-Klubs in Ihrer Nähe bekommen Sie vom Verband für das Deutsche Hundewesen (Anschrift siehe Seite 62).

Ausbildung zum Begleithund

Voraussetzung für die Ausbildung als Gebrauchshund ist die bestandene Begleithundprüfung (BH). Auch wenn Sie Ihren Boxer nicht weiter ausbilden wollen, ist die Erziehung zum Begleithund sehr empfehlenswert. Das Leben mit dem dominanten und recht eigenwilligen Boxer wird dann einfacher.

Er lernt ohne Leine bei »Fuß!« zu gehen, Leinenführigkeit in unterschiedlichem Tempo, »Sitz!« und »Platz!« auch wenn Sie sich bewegen und außer Sicht sind. Der Hund darf sich durch nichts ablenken lassen, nicht durch Menschen, andere Hunde oder Geräusche. Trainiert wird auch Verkehrssicherheit. Im dichtesten Großstadtgetümmel muss er mit oder ohne Leine brav neben Ihnen herlaufen. Außerdem muss der Hund fest angebunden an einer belebten Straße, zum Beispiel in einer Fußgängerzone vor einem Geschäft, ruhig sitzen bleiben, ohne die vorbeigehenden Passanten anzuknurren.

WICHTIG

Für Agility und andere Sportarten muss Ihr Boxer körperlich fit sein. Lassen Sie Ihn von einem Tierarzt untersuchen. Vor allem Herz, Kreislauf und die Gelenke müssen in Ordnung sein.

Sport und Spiel

Seit einigen Jahren bieten viele Hundevereine neben den klassischen Ausbildungen auch neue Sportarten an, die Hund und Mensch gleichermaßen fordern und beiden viel Spaß machen. Zugegeben, es ist nicht ganz einfach, einen Boxer zu diesen Spielen zu motivieren. Mit Geduld, Konsequenz und Einfühlungsvermögen bringen Sie auch einen »Dickkopf« dazu, Ihren Anweisungen zu folgen.

- Agility (=Geschicklichkeit, Behändigkeit) wurde in England entwickelt und hat auch bei uns viele Anhänger. Die Hunde müssen einen Parcours mit unterschiedlichen Hindernissen durchlaufen, beispielsweise durch einen Tunnel laufen, über Planken balancieren, durch Reifen springen oder eine schräge Planke erklimmen. In Agility werden internationale Wettbewerbe ausgetragen. Es kommt auf die Schnelligkeit an und die korrekte Ausführung der Übungen. Sie laufen immer mit.
- Mobility (=Beweglichkeit) kommt aus der Schweiz. Die Hindernisse sind ähnlich wie bei Agility, aber es gibt keine Wettbewerbe. Der gemeinsame Spaß steht im Vordergrund, denn nicht jeder Hundebesitzer will mit seinem Vierbeiner Leistungssport betreiben. Auch für Mobility müssen Sie eine gute Kondition haben.
- Flyball (=Flugball) haben sich amerikanische Hundefreunde ausgedacht. Der Hund läuft zunächst durch einen kleinen Parcour und springt dann auf ein bewegliches Brett. Ein Mechanismus schledert einen kleinen Ball in die Luft, den der Hund fangen und zu Ihnen zurück bringen muss.

Wichtig

Lassen Sie Ihren Hund niemals unmittelbar nach dem Fressen toben und springen. Es besteht die Gefahr einer Magendrehung. Durch die heftigen Bewegungen verändert der Magen seine Lage und die Magenein- und ausgänge werden verschlossen. Der Hund versucht erfolglos zu erbrechen, der Bauch bläht sich in kurzer Zeit stark auf. Wird der Hund nicht innerhalb einer Stunde operiert, kommt jede Hilfe zu spät.

Dem bewegungsfreudigen Boxer macht das Training auf dem Übungsplatzt viel Spaß.

Freizeit mit dem Boxer

ACHTUNG

Wickeln Sie beim Fahrradfahren die Leine nie um den Lenker oder das Handgelenk. Hunde können plötzlich erschrecken und unkontrolliert reagieren. In solchen Situationen müssen Sie die Leine sofort loslassen können, um Stürze zu verhindern.

Boxer brauchen »Arbeit«. Sie wollen und müssen ihre Energie und Kraft in Taten umsetzen. Langweile lässt auch den friedlichsten Vertreter bisweilen auf dumme Gedanken kommen – und nicht nur im Flegelalter. Teppichecken nagen, Stuhlbeine zerbeißen, Sofakissen zerfleddern, Papierkörbe ausleeren – es gibt so viele herrliche Heim-Spiele. Bei mangelnder Beschäftigung wird ein Boxer außerdem leicht mürrisch. Auch ohne Verein oder Klub können Sie mit Ihrem Vierbeiner sportlich aktiv sein, sobald er ausgewachsen ist.

Lauftraining hält fit

Sie wollten schon lange mal wieder joggen? Alleine macht es Ihnen aber keinen Spaß? Jetzt haben sie einen lauffreudigen Partner an Ihrer Seite. Sobald Ihr Boxer zuverlässig ohne Leine läuft, können Sie seine und Ihre Kondition auf Vordermann bringen. Es gibt auch spezi-

Täglich ein kleiner Ausflug mit dem Fahrrad hält sowohl den Vier- als auch den Zweibeiner fit.

elle Jogger-Gürtelleinen, bei denen eine etwa 2 m lange spiralenförmige Spezialleine an einem Gürtel befestigt wird, den sich der Zweibeiner umschnallt.

Fahrrad fahren macht Spaß

Neben dem Fahrrad laufen muss ein Hund lernen. Beginnen Sie damit erst, wenn er zuverlässig »Bei Fuß!« geht. Er muss sich an den merkwürdigen Drahtesel gewöhnen und daran, dass er rechts neben dem Fahrrad läuft, auf der dem Verkehr abgewandten Seite. Ansonsten wird ein Hund immer links geführt.

Suchen Sie sich für die Übungsstunden eine ruhige Seitenstraße oder einen Feldweg. Gewöhnen Sie Ihren Boxer langsam an das Fahrrad, indem Sie es zunächst neben sich herschieben und den Hund an der Leine führen. Hat er keine Angst mehr vor dem »Ungetüm«, beginnen Sie das Training mit 5 Minuten – am besten nach einem ausgiebigen Spaziergang, weil er dann schon etwas müde ist. Steigern Sie die Dauer allmählich, aber überanstrengen Sie den Hund nicht. Zwischendurch muss er schnüffeln und sich lösen dürfen. Wollen Sie mit Ihrem Hund züchten, muss er u. a. eine Ausdauerprüfung (AD) ablegen: 20 km neben dem Rad traben. Bei längeren Ausflügen und heißem Wetter Trinkwasser und Napf nicht vergessen.

Schwimmen ist gesund

Schwimmen trainiert die Muskeln und den Bewegungsapparat. Wasserratten sind die meisten Boxer gerade nicht, aber gegen ein erfrischendes Bad an heißen Tagen haben sie nichts einzuwenden. Beginnen Sie mit diesem Vergnügen aber erst, wenn der Hund sechs Monate alt ist. Zwingen Sie ihn nicht, ins Wasser zu gehen. Er muss es alleine schaffen. Das Schild »Baden verboten« gilt allerdings auch für die Vierbeiner. Lassen Sie Ihren Hund auch nicht in Entwässerungsgräben am Rand von Feldern herum planschen. Das Wasser ist oft durch Chemikalien (Kunstdünger und Pflanzenschutzmittel) stark belastet. Lassen Sie einen sehr erhitzten Hund nie ins kalte Wasser springen. Das bekommt ihm genauso wenig wie Ihnen. Geht der Hund bei kaltem Wetter ins Wasser, müssen Sie unbedingt darauf achten, dass er in Bewegung bleibt, bis Sie zu Hause sind.

Wichtig

Gut erzogene Hunde laufen auch ohne Leine neben dem Fahrrad. Auf Straßen mit Autoverkehr sollten Sie den Hund jedoch immer an der Leine führen.

Wichtig

Ist Ihr Hund an regelmäßige Radtouren gewöhnt und Sie wollen die Ausflüge beenden – zum Beispiel im Winter – müssen Sie allmählich damit aufhören. Die neue Radsaison darf auch nicht gleich wieder mit Höchstleistungen beginnen.

Rund um die Gesundheit

Richtige Ernährung und ausreichende Bewegung sind Voraussetzungen für das Wohlbefinden Ihres Boxers. Damit er gesund bleibt, dürfen Sie die notwendigen Impfungen nicht versäumen. Beobachten Sie ihn genau, um Veränderungen in seinem Verhalten frühzeitig zu erkennen und Gegenmaßnahmen treffen zu können.

Häufiges Kratzen ist meistens ein Hinweis auf Flöhe oder eine Hauterkrankung. Gehen Sie der Ursache auf den Grund.

Wenn Sie Ihren Welpen bei einem verantwortungsvollen Züchter gekauft haben, wird der Kleine aller Voraussicht nach gesund bei Ihnen einziehen. Der jährliche Gesundheitscheck beim Tierarzt dient der Früherkennung. Flöhe wird er sicherlich irgendwann mit nach Hause bringen und vor Zecken und Würmern ist er ebenfalls nicht gefeit. Dagegen gibt es gute Mittel. Überhaupt – die Tiermedizin hat große Fortschritte gemacht. Viele Krankheiten sind heute heilbar, an denen die Hunde unserer Eltern noch gestorben sind.

Darauf müssen Sie achten

Zwar mag ein Boxer Wärme wie jeder andere Hund, aber er verträgt große Hitze nicht sehr gut und sportliche Leistungen bei hohen Temperaturen schon gar nicht. Hunde haben keine Schweißdrüsen und kühlen Ihren Körper nur über Zunge und Rachenraum indem sie hecheln. Lassen Sie Ihren Boxer bei Sonnenschein nie im Auto, auch wenn der Wagen momentan im Schatten steht. Die Sonne wandert. Die Gefahr eines Hitzeschlags ist groß, weil sich ein Auto sehr schnell in einen Brutkasten verwandelt. Auch spaltbreit geöffnete Fenster auf beiden Seiten des Autos und ein Luftschlitz im Schiebedach können das nicht verhindern.

Notwendige Schutzimpfungen

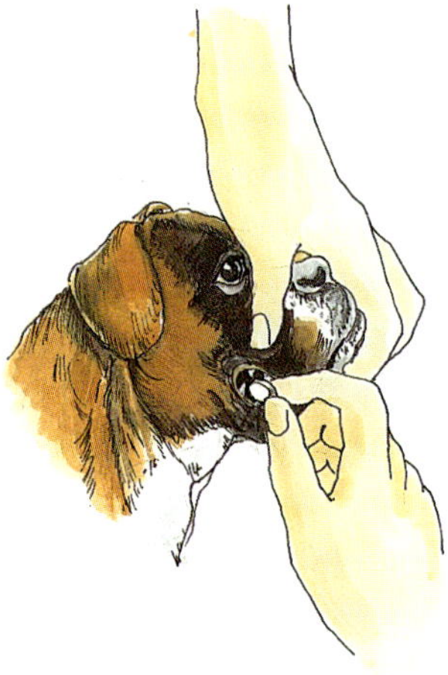

Tabletten werden so tief wie möglich in den Rachen geschoben.

Bereits beim Züchter bekommt der Welpe zwischen der siebten und achten Woche seine ersten Impfungen , meistens auch die zweiten, die zwischen der zehnten und zwölften Woche erfolgen. Der Impfpass gehört wie der Stammbaum zu den Papieren, die Ihnen der Züchter mitgeben wird. Nur wenn Sie den Impfschutz regelmäßig auffrischen, bewahren Sie Ihren Boxer vor den gefährlichen Krankheiten Staupe, Hepatitis, Leptospirose, Parvovirose und Tollwut.

Impfplan: So bleibt Ihr Hund gesund

Krankheit	1. Impfung 7.–8. Woche	2. Impfung 10.–12. Woche	Wiederholung jährlich
Staupe	✘	✘	✘
Hepatitis	✘	✘	✘
Leptospirose	✘	✘	✘
Parvovirose	✘	✘	✘
Tollwut		✘	✘

Medizin wird seitlich in die Schnauze gespritzt.

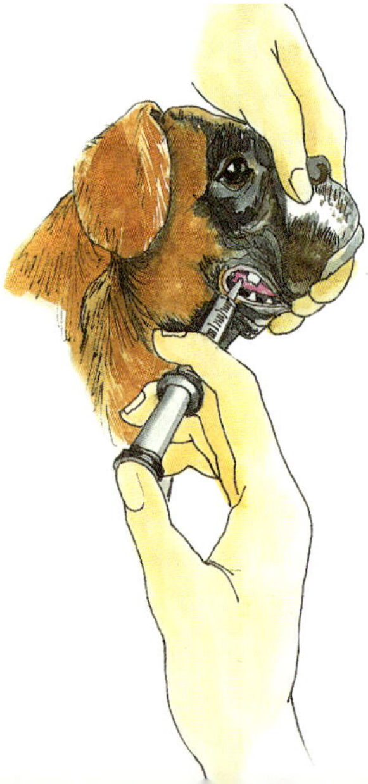

Krankheitssymptome erkennen

Nach kurzer Zeit kennen Sie Ihren Hund so gut, dass Sie Veränderungen und Krankheitssymptome sofort bemerken. Darauf sollten Sie achten:

- Trinkt Ihr Boxer mehr als sonst und verweigert das Futter, kann eine vorübergehende Magenverstimmung vorliegen. Meistens fressen Hunde dann auch Gras, das sie oft schnell wieder erbrechen. Hält dieser Zustand länger als zwei Tage an, gehen Sie zum Tierarzt.
- Hat der Hund bei Berührung Schmerzen, müssen Sie sofort einen Tierarzt aufsuchen.
- Erbrechen und Durchfall, vermischt mit Blut oder Verstopfung, die länger als einen Tag anhalten, sind ernste Alarmzeichen. Gehen Sie sofort zum Tierarzt.
- Bei Tränenfluss, getrübten, geröteten Augen oder sehr blasser Bindehaut ziehen Sie einen Tierarzt zu Rate.

- Kontrollieren Sie bei der wöchentlichen Fellpflege die Haut. Beobachten Sie Veränderungen, setzen Sie sich mit Ihrem Tierarzt in Verbindung.
- Haben Hündinnen außerhalb der Läufigkeit Ausfluss oder zeigen sich beim Rüden gelbliche Tropfen an der Vorhaut des Penis, ist ein Besuch beim Tierarzt fällig.
- Angeschwollene Lymphdrüsen zwischen Ohr und Kiefer deuten auf eine Infektion hin. Der Tierarzt muss den Hund untersuchen.
- Fieber ist immer ein Anzeichen für eine Erkrankung, die vom Tierarzt behandelt werden muss. Die normale Temperatur beim Boxer zwischen 37,5 und 37 °C. Die kalte Hundeschnauze ist kein verlässliches Zeichen dafür, dass der Hund kein Fieber hat.
- Atmet der Hund schwer, hechelt und taumelt, ist höchste Eile geboten. Bringen Sie ihn auf dem schnellsten Weg zum Tierarzt.
- Der normale Puls eines gesunden Hundes beträgt 60–80 Schläge pro Minute. Gemessen wird an der Innenseite des Oberschenkels. Freude, Angst oder Schreck beschleunigen den Puls. Hat er grundlos zu hohen Puls, liegt eine Störung vor.

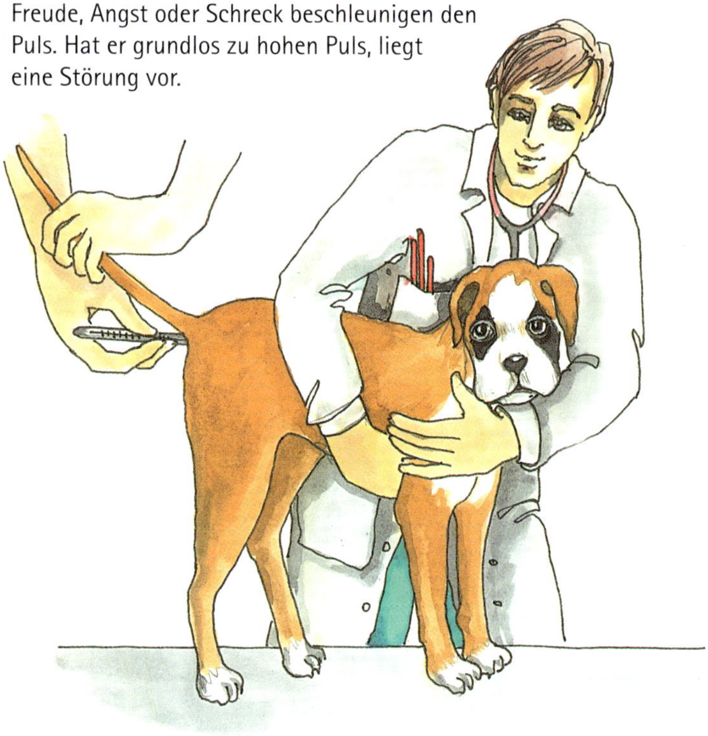

Info

Als Welpe muss der Hund entwurmt werden. Einige Tierärzte raten dazu, jährlich vorsorglich eine Wurmkur zu machen, andere warnen davor, weil die Mittel unnötig Magen und Darm belasten.

Checkliste

Das sollten Sie in Ihrer Hausapotheke haben:

- **Unzerbrechliches Fieberthermometer**
- **Zeckenzange**
- **Plastikspritzen (ohne Nadel) zum Verabreichen von Medizin**
- **Elastische Binden**
- **Verbandmaterial**
- **Wundpflaster**
- **Desinfektionmittel**
- **Wund- und Heilsalbe**
- **Verbandschere**

Beim Fieber messen sollte eine zweite Person sicherheitshalber den Hund festhalten.

Vererbbare Krankheiten

Bei allen Hunden, reinrassigen sowie Mischlingen, gibt es Erbkrankheiten. Oft erkennt man sie erst, wenn der Hund schon etwas älter ist. Bei einigen Leiden helfen vorsorgliche Untersuchungen, rechtzeitig geeignete Behandlungen durchführen zu lassen, andere sind nicht heilbar.

Hüftgelenksdyplasie (HD)

Diese Fehlbildung des Hüftgelenks tritt vor allem bei große Rassen auf, auch Boxer sind davon betroffen. Es ist unbedingt erforderlich, den Hund im Alter von 12 Monaten – nicht früher – röntgen zu las-

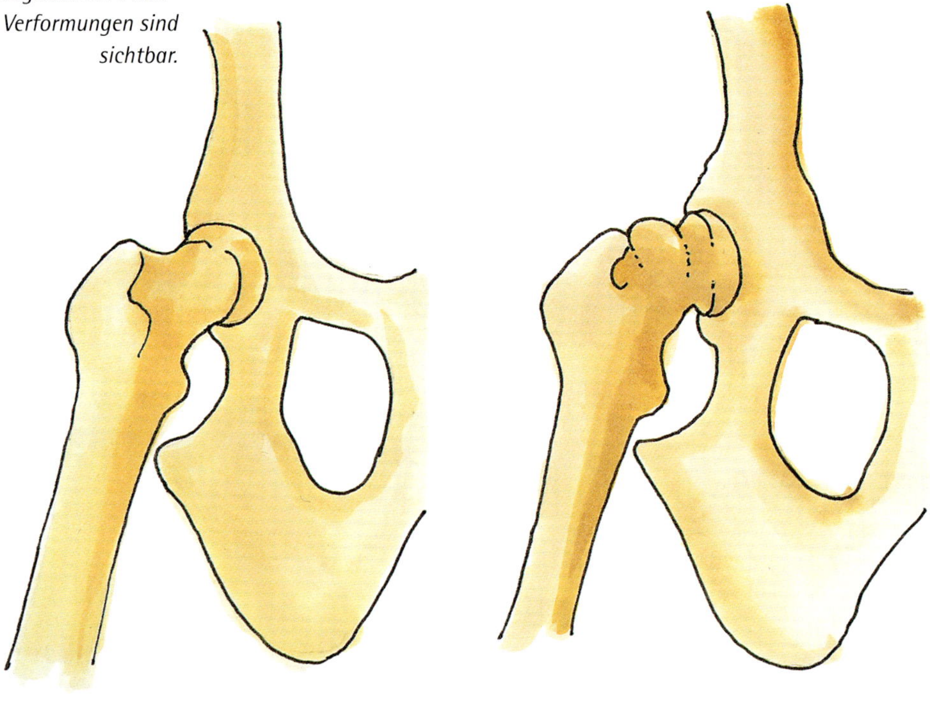

Links: Bei einem gesunden Hüftgelenk passen Gelenkkopf und -pfanne genau ineinander. Rechts: Bei Hüftgelenksdysplasie ist die Gelenkpfanne abgeflacht. Arthrotische Verformungen sind sichtbar.

sen. Der Befund wird in fünf Stufen bewertet: HD frei, Verdacht auf HD (Übergangsform), leichte HD, mittlere HD und schwere HD. Liegt eine mittlere oder schwere HD vor, darf mit dem Hund nicht gezüchtet werden. Auch wenn Sie mit Ihrem Boxer nicht züchten wollen, sollten Sie Ihren Hund untersuchen lassen. Hat er diese Veranlagung in mittlerer oder schwerer Form geerbt, darf er keinen Hundesport betreiben und nicht stark beansprucht werden. Alle Hunde mit positivem Befund dürfen nicht dick werden und müssen mit maßvollen Aktivitäten die Gelenke beweglich und Muskulatur kräftig erhalten.

Kryptorchismus

Bei Rüden liegen manchmal einer oder beide Hoden nicht im Hodensack, sondern sind in der Bauchhöhle oder im Leistenkanal verborgen. Normalerweise sind die Hoden bei einem 10 Wochen alten Welpen ertastbar. Ist das nicht der Fall, wird ein verantwortungsbewusster Züchter Sie darauf hinweisen. Diese Veranlagung ist erblich und kommt bei Boxern häufiger vor. Rüden mit dieser Anomalie sind von der Zucht ausgeschlossen. Haben sich beide Hoden nicht richtig entwickelt, kommt es auch zu keiner Samenbildung. In höherem Alter neigen die verborgenen Hoden oftmals zur Geschwulstbildung. Deshalb raten viele Tierärzte dazu, die Hoden entfernen zu lassen.

Verengte Nasenwege

Manchmal sind die Atemwege in der kurzen, nach oben gestülpten Boxernase verengt und das Tier bekommt nicht genug Luft. Gelegentliches Schnaufen ist beim Boxer normal, aber es darf kein Dauerzustand sein. Hunde mit dieser Anomalie sind nicht voll belastbar. Mit einer kleinen Operation kann dem Tier geholfen werden.

Veränderung der Wirbelsäule

Sowohl beim jungen Hund als auch bei älteren Tieren können äußerst schmerzliche Veränderungen der Wirbelsäule (Spondylose) auftreten. Entzündliche oder degenerative Prozesse sind die Ursache. Der Hund mag sich nicht mehr richtig bewegen. In schweren Fällen kann es sogar zu einer Lähmung kommen. Eine Heilung ist nicht möglich.

TIPP

Lassen Sie bei der Untersuchung auf HD auch gleich eine Röntgenaufnahme von der Wirbelsäule machen. Liegt eine Veranlagung für Spondylose vor, sollten Sie mit dem Hund keinen Sport treiben.

Die lästigen Parasiten

Es lässt sich nicht vermeiden, auch Ihr Boxer wird sich Zecken und Flöhe einfangen und wahrscheinlich irgendwann einen Bandwurm bekommen. Es gibt verschiedene Mittel gegen die Plagegeister. Vorbeugend sollten Sie Ihren Boxer im Sommer und Herbst Tag und Nacht ein Anti-Ungeziefer-Halsband tragen lassen, das gegen Zecken und Flöhe wirkt.

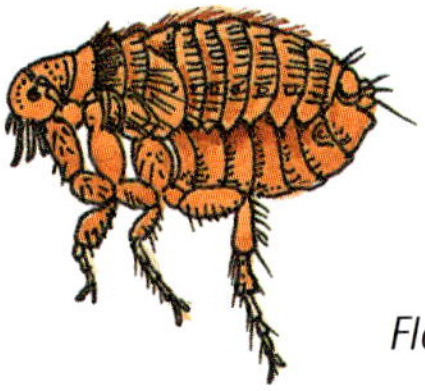

Floh

Flöhe springen von Hund zu Hund

Von August bis Oktober ist Flohzeit. Wann immer Ihr Hund mit einem anderen Kontakt aufnimmt, kann so ein Winzling den Wirt wechseln. Ist Ihr Hund unruhig, beißt und kratzt sich andauernd, sollten Sie ihn unter die Lupe nehmen. Kämmen Sie ihn mit einem Flohkamm. Bleiben kleine dunkle Krümel darin hängen, ist das Flohkot.

Abgesehen davon, dass Flöhe die häufigste Bandwurmart übertragen, sind die Stiche für den Hund sehr unangenehm. Beim Kratzen kommt es leicht zu Hautverletzungen, die sich entzünden können. Eine langwierige Behandlung ist die Folge. Es gibt viele Präparate gegen diese Parasiten. Halten Sie sich unbedingt an die Angaben der Hersteller. Die chemischen Mittel können in seltenen Fällen bei Hunden Allergien auslösen.

TIPP Manchmal suchen sich Zecken Stellen aus, an denen man sie nur schwer entfernen kann, am Augenlid, an der Schnauze oder im Genitalbereich. Lassen Sie die Blutsauger von einem Tierarzt entfernen.

Zecken fallen von den Ästen

Der Kopf ist winzig und die Beißwerkzeuge sind mit feinen Widerhaken besetzt. Haben die Zecken ihr Opfer gefunden, bohren sie sich damit in die Haut. Sie saugen sich voll Blut und ihr Körper kann durchaus die Größe einer Bohne erreichen. Sind sie nach einigen Tagen satt, lassen sie sich fallen. Doch so weit sollten Sie es nicht kommen lassen.

Zecken darf man nicht einfach aus der Haut reißen, weil dann der Kopf darin stecken bleibt. Entzündungen sind die Folge. Fassen Sie die Zecke mit einem Papiertaschentuch mit Daumen und Zeigefinger an und drehen Sie sie entgegen dem Uhrzeigersinn mit einem Ruck zügig heraus. Sie können dafür auch eine Zeckenzange benutzen. Die Links-

Zecke

drehung ist wichtig, weil sich die Zecken rechts herum in die Haut hinein drehen. Beträufeln Sie die Zecke nicht mit Öl oder Alkohol. Das veranlasst das Tier, sich noch fester in die Haut zu bohren und einen Giftstoff auszustoßen.

Zecken übertragen die Infektionskrankheit Borreliose, die sowohl Menschen und Hunde befallen kann. Die Verbreitung dieser Krankheit hat in den vergangenen Jahren stark zugenommen. Wird diese Krankheit nicht behandelt, endet sie oft tödlich – bei Tieren ebenso wie bei Menschen. Seit einiger Zeit gibt es für Hunde (und Katzen) einen Impfstoff gegen diese Krankheit. Die Impfung muss jedes Jahr wiederholt werden.

Spulwurm

Bandwurm

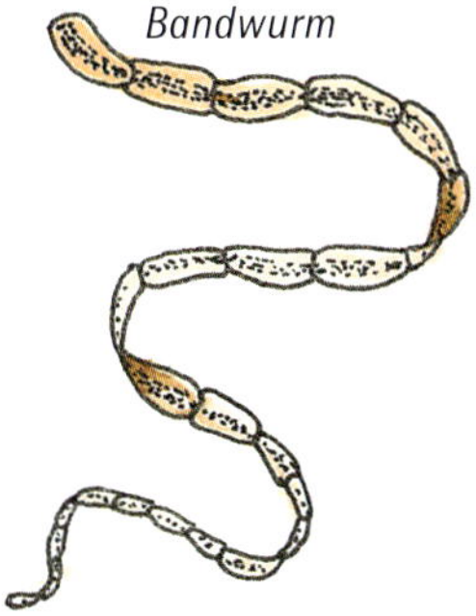

Würmer sind gefährlich

Spulwürmer werden von dem Muttertier auf die Welpen übertragen. Die Larven der Spulwürmer sitzen bei erwachsenen Tieren in der Muskulatur und in anderen Organen, ohne Krankheitsbilder zu erzeugen. Im letzten Drittel der Tragezeit werden die Larven aktiv und wandern mit dem Blut in den Fötus. Deshalb haben fast alle Welpen Spulwürmer in sich, wenn sie auf die Welt kommen. Die Parasiten werden aber auch durch die Muttermilch übertragen. Die etwa 5–10 cm langen, dünnen Spulwürmer sind im Kot und im Erbrochenen zu sehen. Bei allen Welpen ist eine Wurmkur unumgänglich.

Bandwürmer kommen hauptsächlich bei erwachsenen Tieren vor. Sie werden oft durch Flöhe übertragen. Rutscht Ihr Hund auf dem Po entlang (Schlittenfahren), sollten Sie sich den Kot näher ansehen. Die weißen, Reiskorn großen Glieder des Bandwurms sind darin zu erkennen. Manchmal sitzen sie auch in der Afterregion im Fell. Der Tierarzt wird Ihnen ein geeignetes Mittel geben, um den Hund von den Parasiten zu befreien.

Hakenwürmer kommen verhältnismäßig selten vor, können jedoch Hunde jeden Alters befallen. Sie klammern sich an der Darmwand fest und saugen Blut. Der Hund wird bei gutem Appetit immer dünner. Nur eine Kotuntersuchung durch den Tierarzt kann den Befall diagnostizieren. Mit dem Kot gehen die Wurmeier ab, die sich u.a. in feuchtem Erdreich oder faulenden Pflanzenresten zur Larve entwickeln. Beim Schnüffeln oder Belecken nimmt der Hund sie auf. Auch gegen Hakenwürmer gibt es geeignete Mittel.

Wichtig

Kratzt sich Ihr Hund am Ohr, hält den Kopf schief und schüttelt ihn, können sich Milben im Ohrinneren festgesetzt haben. Auch auf der Haut siedeln sich die Quälgeister an. Gehen Sie unbedingt zum Tierarzt.

Die Kurzlebigkeit des Boxers

Leider gehört der Boxer nicht zu den langlebigen Rassen. Mit acht Jahren bekommt er graue Haare rund um die Schnauze. Doch ein altes Boxergesicht ist überaus liebenswert. Erreicht Ihr Hund ein Alter von zehn Jahren, ist das schon viel.

Eine endgültige Erklärung für die Kurzlebigkeit gibt es noch nicht. Möglicherweise sind vererbbare körperliche Defekte mit ein Grund dafür, die man allerdings oft erst spät erkennt. Es gibt aber auch Krankheiten, die sich bereits bei Welpen durch Missbildungen der Rute ankündigen. Die Rute ist schließlich die Verlängerung der Wirbelsäule. Nur leider hat man – so lange die Schwänze kupiert wurden – selten etwas von derartigen Deformationen gesehen. So gelangten möglicherweise auch kranke Tiere immer wieder in die Zuchtreihe. Möglicherweise wird das jetzt anders, seit auch das Kupieren der Ruten verboten ist. Ein gesunder Hund hat auch einen gesunden Schwanz. Tiere mit Schwanzdeformationen sollten von der Zucht ausgeschlossen werden.

INFO

Lassen Sie Ihren Boxer ab dem achten Lebensjahr zweimal im Jahr von einem Tierarzt durchchecken. Je früher Sie Krankheiten wie Krebs oder Herzschwäche erkennen, desto besser können sie behandelt werden. Eine endgültige Heilung gibt es allerdings nicht.

Altersbedingte Krankheiten

Haben Sie Ihren Boxer sein Leben lang seinen Bedürfnissen entsprechend ernährt und ihm die notwendige Bewegung ermöglicht, hat er alle Chancen, auch im Alter fit zu sein. Dennoch lassen sich Krankheiten nicht immer vermeiden.

Boxern neigen im Alter zu Tumorbildung. Leider recht häufig sind Geschwülste an Hoden und Gesäuge. Diese Krebsarten entwickeln sich sehr langsam. Im Frühstadium und bei guter Allgemeinverfassung des Tieres sind Operationen meistens erfolgreich. Auch von anderen Tumorarten (z. B. am Zahnfleisch oder Hirntumore) bleiben Boxer nicht verschont.

Beobachten Sie Ihren alten Liebling sehr genau. Dass er sich weniger schnell bewegt (zwingen Sie ihn keinesfalls zu Gewaltmärschen), es gerne warm, weich und gemütlich hat und lieber zwei oder drei kleine Mahlzeiten am Tag zu sich nimmt als eine große, ist ganz normal. Bei außergewöhnlichen Veränderungen gehen Sie lieber einmal mehr als einmal zu wenig zum Tierarzt.

Abschied nehmen

Irgendwann endet jedes Leben. Wenn es gar nicht mehr geht und das Tier sich nur noch quält, müssen Sie den letzten Schritt tun. Das sind Sie Ihrem vierbeinigen Freund schuldig. Verlängern Sie seine Leiden nicht, indem Sie von einem Tierarzt zum anderen gehen. Ihr Boxer hat Sie viele Jahre lang treu begleitet, war Ihnen sicherlich ein zuverlässiger Partner, auch wenn es Ihnen nicht so gut ging und hat Sie mit seinem fröhlichen, positiven Wesen aufgemuntert. Jeder Hundebesitzer weiß, wie sensibel die Vierbeiner auf die Stimmung von Frauchen oder Herrchen reagieren. Zeigen Sie ihm nicht, wie traurig Sie sind. Er würde das sofort bemerken. Seien Sie unbedingt bei ihm, wenn es zuende geht.

Fragen Sie Ihren Tierarzt, ob er den Hund bei Ihnen einschläfert. Dann kann er in seiner vertrauten Umgebung bleiben und hat seine Familie um sich. Der Weg zum Tierarzt ist für Ihren Hund immer mit Stress verbunden. Ersparen Sie ihm dieses Erlebnis in seiner letzten Stunde.

INFO

Haustiere dürfen im Allgemeinen im Garten begraben werden. Die Grube muss mindestens 80 cm tief sein. Nur bei Grundstücken, die in einem Wasserschutzgebiet liegen, ist das verboten. Fragen Sie sicherheitshalber bei Ihrer Stadtverwaltung nach. In vielen Orten gibt es auch Tierfriedhöfe.

Der im Alter ergraute Fang verleiht dem Boxergesicht einen fast weisen Ausdruck.

Was du im Umgang mit deinem Boxer beachten musst

Ärgere deinen Vierbeiner nie und lass an ihm nie deine schlechte Laune aus. Er ist kein Spielzeug, sondern ein Lebewesen, das du respektieren mußt. Behandele ihn so, wie du selbst behandelt werden möchtest.

Frisst dein Boxer gerade oder knabbert er an einem Kauknochen, darfst du ihn nicht stören. Wenn du etwas Leckeres auf deinem Teller hast und ein anderer will es dir wegnehmen, wirst du dich auch ärgern.

Sitzt du beim Essen, gib deinem Hund keinen Happen, auch wenn er dich noch so hungrig anschaut. Bekommt er einmal etwas bei Tisch, wird er es immer wieder versuchen. Außerdem kann er von dem, was dir schmeckt und gut bekommt, krank werden.

Für deinen Hund ist ein Spaziergang so spannend wie für dich ein Abenteuerfilm. Er schnüffelt überall herum, weil es so interessant nach anderen Hunden riecht. Er weiß dann genau, welcher seiner Freunde schon vor ihm an dieser Stelle war. Gönne ihm die Freude und zieh ihn nicht rücksichtslos an der Leine hinter dir her.

Ein Hund ist kein Reittier. Auch der Rücken deines starken Boxers ist viel zu schwach, um dich zu tragen.

Wie viel Kraft hat dein Boxer?

Er ist sehr stark, aber er kann seine Kraft nicht richtig einschätzen. Und du kannst das auch noch nicht ganz genau beurteilen. Wenn ihr miteinander spielt, kann er dir aus Versehen wehtun. Mit diesen Spielen kannst du testen, wie viel Kraft dein Boxer hat. Lass dir von einem Erwachsenen dabei helfen.

Tauziehen
Nimm ein altes Handtuch. Du ziehst an einem Ende, dein Hund an dem anderen. Wer ist stärker?

Wettlauf
Einer stellt sich in einiger Entfernung auf und hält ein Spielzeug hoch. Du wartest mit deinem Hund auf das Startzeichen. Wer ist schneller?

Vorsicht
Gehst du mit deinem Boxer an der Leine spazieren, muss immer ein Erwachsener dabei sein. Auch wenn dein Hund ganz prima erzogen ist, kann er plötzlich losrennen. Hältst du die Leine fest, fällst du vielleicht hin. Lässt du die Leine los, läuft dein Hund vielleicht auf die Straße und wird von einem Auto überfahren oder verursacht einen Unfall.

Die Vorfahren aller Hunde sind die Wölfe

Vor vielen Tausend Jahren freundeten sich Wölfe und Menschen miteinander an. Vielleicht haben unsere Vorfahren Wolfbabys großgezogen. Oder die Wölfe folgten den Steinzeitmenschen auf ihren Wanderungen durch die Wildnis und fraßen die Essensreste auf. So ganz genau weiß man das nicht. Unsere Vorfahren hatten jedoch erkannt, dass Wölfe gute Jäger und sehr wachsam sind. Diese Eigenschaften gefielen den Menschen und sie begannen, Wölfe zu zähmen und für sich arbeiten zu lassen. Aus den wilden Wölfen wurden so mit der Zeit zahme Hunde.

Wie kommt es dann, dass Hunde so verschieden aussehen?

Wolf ist nicht gleich Wolf. Es gibt graue, schwarze, weiße oder braune, mit dichtem oder dünneren Fell.

Die Menschen beobachteten ganz genau, welcher der zahmen Wölfe ihre Arbeit gut machten. Um immer bessere »Jagdgehilfen« zu bekommen, durften nur noch jene Wölfe Junge bekommen, die fleißig bei der Jagd halfen. Diese Wölfe waren schlank und schnell. Genauso machte man es mit jenen Wölfen, die sehr wachsam waren. Diese Tiere waren groß und stark.

Alle waren richtige »Arbeitstiere«. Wie sie aussahen, spielte damals noch keine besondere Rolle. Da aber immer nur bestimmte »Wolfs-Hunde« Junge bekommen durften, entstanden allmählich verschiedene Gruppen mit unterschiedlichem Aussehen. So entstanden in vielen Jahrtausenden auf der ganzen Welt die unterschiedlichen Hunde.

Wer ist hier der Boss?

Zwar sieht dein Boxer nicht wie ein Wolf aus, aber es steckt noch viel von seinen Vorfahren in ihm. Wölfe leben im Rudel. Und auch dein vierbeiniger Freund will in einem Rudel leben. Da er wahrscheinlich der einzige Hund in deiner Familie ist, bist du mit deinen Eltern und Geschwistern für ihn sein Rudel. Bei den Wolfsrudeln gibt es immer ein männliches und ein weiblicher Leittier. Das sind die Bosse. Vielleicht versucht dein Boxer, bei euch der Boss zu sein.

Wenn er das darf, geht es bei euch so zu:
Dein Hund beherrscht die Familie, gehorcht nicht und tut, was er will. Das kann ganz schön nerven.

So klappt es besser:
Papa und Mama sind die Bosse. Weil du kleiner bist, wird dein Boxer dir nicht immer gehorchen wollen. Das darfst du nicht dulden. Gibt ihm genauso Anweisungen wie deine Eltern, »Sitz!«, »Platz!« oder »Komm!«. Achte immer darauf, dass der Hund auch tut, was du ihm sagst. Lass dir dabei von deinen Eltern helfen.

Serviceseiten

Wichtige Adressen

Deutschland
Verband für das Deutsche Hundewesen e. V. (VDH)
Westfalendamm 174
44141 Dortmund
Tel. 02 31/56 50 00
Fax 02 31/59 24 40

Deutscher Boxer-Klub e. V.
Veldener Straße 64–66
81241 München
Tel. 0 89/5 46 70 80
Fax 0 89/54 67 08-20

Internationaler Boxer-Club e. V.
Kirchhoffweg 14
40591 Düsseldorf
Tel. 02 11/75 32 36

Deutscher Hundesportverband e. V.
Gustav-Sybrecht-Str. 42
44536 Lünen
Tel. 02 31/87 80 10
Fax 02 31/8 78 01-22

Deutsches Haustierregister
Baumschulenallee 15
53115 Bonn
Tel. 0 18 05/23 14 14

Österreich
Österreichischer Kynologenverband
Johann-Teufel-Gasse 8
A-1238 Wien
Tel. 01/8 88 70 92
Fax 01/8 88 22 31

Österreichischer Boxer-Klub
Mittelgasse 26/1
A-1016 Wien
Tel. 01/5 97 08 69
Fax 01/5 96 38 82

Schweiz
Schweizerische Kynologische Gesellschaft (SKG)
Längassstraße 8
Postfach 82 71
CH-3001 Bern
Tel. 0 31/3 06 62 62
Fax 0 31/3 06 62 60

Schweizerischer Boxer Club (SBC)
Waldeggstr. 33
CH-9100 Herisau
Tel. 0 71/5 31 36 28
Fax 0 71/2 28 42 52

Weiterführende Literatur

Birr, Uschi
Erfolgreiche Hundeerziehung
Falken 1995

Feltmann-v. Schröder, Gudrun
Hund und Mensch im Zwiegespräch
Franckh-Kosmos 1993

Reiter, Frederick
So erzieht man seinen Hund zum Hausgenossen
Müller Rüschlikon 1992

Waniorek, Linda
Wenn mein Hund älter wird
Gräfe und Unzer 1999

Spezialtipp für Tierfreunde
Lebendig und naturgetreu wirken Tier auf Kohlezeichungen
Von Marine Tunnat. Sie fertig die Bilder nach Fotos an. Ein Porträt (Format 30x40 cm) kostet 170 DM (86,70 €) plus Versandkosten. Anschrift:
Martine Tunnat
Weiherstraße 2
71546 Aspach
Tel. 0 71 91/2 09 75
Fax 0 71 92/2 33 64

Anmerkung der Redaktion:
Da das Kupierverbot erst seit 1998 besteht, haben noch nicht alle in diesem Buch abgebildeten Boxer eine nicht kupierte Rute.

Sie finden uns im Internet :
www.falken.de

Dieses Buch wurde auf chlorfrei gebleichtem und säurefreiem Papier gedruckt.

Der Text dieses Buches entspricht den Regeln der neuen deutschen Rechtschreibung.

ISBN 3 8068 2555 6

Titelbild: U. Schanze, München (gr. Bild); W. Redeleit, Bienenbüttel (kl. Bilder)
Umschlagrückseite: W. Redeleit, Bienenbüttel
Fotos: Fotos: Bildagentur IPO, Linsengericht: S. 13; »Ein Herz für Tiere«/ P.Gehlhar, München: S. 19, 23, 35; Silvestris/E. A.Janes, Altötting: S. 6; alle übrigen Bilder: W. Redeleit, Bienenbüttel
Zeichnungen: U. Farkas-Dorner, Plouray/Frankreich; E. Wagendristel, Berlin (Kinder Spezial)

Druck: Appl, Wemding

817 2635 4453 6271

Register

Erste Hilfe

Ratschläge für den Notfall:

- Bleiben Sie unbedingt ruhig und besonnen!
- Unterbinden Sie jede Fluchtmöglichkeit!
- Bringen Sie den Hund schnell aus der Gefahrenzone!
- Legen Sie den Hund auf die unverletzte Seite!
- Beruhigen Sie den Hund mit leiser Stimme!
- Legen Sie dem Hund eine Schnauzenbinde an, wenn er Schmerzen hat!
- Fahren Sie auf dem schnellsten Weg zum Tierarzt!

Schnauzenbinden

Auch der liebste Hund kann Sie beißen, wenn er starke Schmerzen hat. Um ihm helfen zu können, müssen Sie ihm die Schnauze zubinden. Sie brauchen dazu eine etwa 1 Meter lange Binde (Schal, Krawatte, Stoffgürtel). In der Mitte einen Knoten machen und wie auf der Zeichnung zu sehen um die Schnauze legen und hinter dem Kopf verknoten.

Extra-Tipp

Notieren Sie sich auf einem Zettel, den Sie immer, auch bei jedem Hundespaziergang bei sich tragen, Telefonnummer und Sprechstundenzeiten Ihres Tierarztes, der nächstgelegenen Tierklinik, des Tierärztlichen Notdienstes und eines Taxiunternehmens (Tiertaxi), das auch verletzte Tiere transportiert

Erste Hilfe bei offenen Wunden

- **Pulsierende Blutungen an Gliedmaßen:** Das Bein oberhalb der Ferse oder des Ellenbogens, jedenfalls oberhalb der Wunde, mit einem elastischen Material (Schal, Strumpf) abbinden und alle 20 Minuten lockern, damit das Bein nicht abstirbt. Wunde verbinden.
- **Blutungen am Körper:** Wunde abdecken und über dem ganzen Körper einen Druckverband anlegen.
- **Leichte Blutungen:** Mit einem sauberen Taschentuch einige Minuten auf die Wunde drücken und nach Möglichkeit die verletzte Stelle kühlen. Verband anlegen.
- **Blutige Verletzungen an den Zehen:** Die Zehenzwischenräume auspolstern (Watte, Papiertaschentücher) und die Pfote verbinden.